知っておきたい

# オイル事典

小林弘幸　監修

# CONTENTS

# はじめに

## - 食用オイルをご利用になる前に -

小林弘幸

### 植物性食用オイルの歴史

　人類が油脂をいつから利用するようになったのかは、はっきりしません。ですが、旧石器時代には動物性の油脂を灯火に利用していたのではないか、とされています。余談ですが、常温で液体のものは「油」、固体のものは「脂」の漢字が使われます。

　動物性の油脂は肉を加熱すれば得られますが、植物性の油を抽出するには、圧搾するなどいくつかの技術的なハードルがありました。ですので、動物性油脂の歴史は、植物性のものよりも長い歴史があります。

　それでも、5000年から6000年前の地中海ではオリーブの栽培が始まっており、ローマ帝国の拡大に呼応するようにオリーブオイルの利用が広がっていったとされています。

▲オリーブオイルはオイルのなかでも、特に長い歴史を持つ。

　また、ココナッツオイル（ヤシ油）の歴史も数千年まで遡るとされています。

　日本でも魚や動物などから採油した動物性の油脂が縄文時代には利用されていたようです。ただ、食用ではなく、灯火などへの利用だったと推定されています。

　縄文時代晩期（関東や東北の場合は3200年から2400年前頃）になると、ゴマが日本に伝わり

ます。ゴマはゴマ科ゴマ属の一年草で、30種もの野生種が自生しているアフリカが原産だとされています。栽培種の起源については、5500年前のインドだとする説が有力です。古代エジプトでも5000年前にはゴマの栽培が始まり、薬用効果があるとされていました。

　ゴマが日本に渡来した時点で、ゴマから採油されていたのかはわかっていません。

▲ さまざまな原料からなる植物性食用オイル。

　ゴマからの採油が確認できるのは、奈良時代（710年から794年）になってからのことです。採油技術は、仏教と一緒に伝来しました。当初は灯油として使われ、食用とされるようになるのは平安時代（794年から1185年）になってからとされています。

## 食用オイルは健康に必要

　どちらにしても、植物性食用オイルの歴史は紀元前まで遡り、私たちの食生活に深く根ざしています。長い歴史から、身体に有用な食材であることは間違いのないことです。また、タンパク質と炭水化物は重量1グラムあたり4キロカロリーですが、脂質は同9キロカロリーあります。私たちにとって、重要なエネルギー源でもあるのです。

　また、抗酸化作用も重要です。$\beta$-カロテン、ビタミンC、ビタミンE、フラボノイド、ポリフェノールは、抗酸化作用がある代表的なものです。植物性食用オイルには、これらを多く含むものがあります。例えば、オリーブオイルの場合、$\beta$-カロテンやビタミンEなど数種類の抗酸化物質が含まれています。抗酸化作用によって、私たちの身体を酸化から守ります。

　抗炎症作用もあります。ビタミンCやビタミンEには、抗炎症作用があるとされ、植物性食用オイルの種類によっては、これらを多く含むものがあ

▲私たちの食生活に欠かせない食用オイル。

ります。抗酸化作用と合わせて、免疫強化の手助けになります。特にエクストラバージンオイルには、ポリフェノールやビタミンEが多く含まれています。

　また、脂溶性ビタミンのビタミンA、ビタミンD、ビタミンE、ビタミンKは水に溶けにくく、油脂やアルコールに溶けるビタミンです。これらを吸収しやすくするには、脂質が必要になります。

　このように、紀元前から存在する植物性食用オイルは、私たちの健康に必要であるから長い歴史を刻んできたのです。

　また、バランスよく脂肪酸を摂取することも重要です。脂肪酸のうちオメガ3はサバやイワシなどの青魚に多く含まれるEPA／DHAが有名ですが、$\alpha$-リノレン酸（必須脂肪酸）からも得られます。$\alpha$-リノレン酸はアマニ油やエゴマ油に多く含まれています。オメガ6のリノール酸（必須脂肪酸）はコーン油やゴマ油から、オメガ9のオレイン酸はオリーブオイル、コメ油、ヒマワリ油、ベニバナ油、キャノーラ油などに多く含まれています。なお、オレイン酸は体内で作ることができる脂肪酸です。

## 取り過ぎに注意

　食用オイルは高カロリーなので、取り過ぎは肥満の原因などにもなります。このことからも、適量を心がけてください。なお、ゴマ油は、1グラムあたり9.209キロカロリーです。植物性食用オイルの場合、多少の差はありますが、基本的には1グラムあたり9キロカロリーが目安になります。小さじ1杯（約12グラム）だと、108キロカロリーになります。タンパク質や炭水化物よりも高カロリーであることを忘れずに。

## 大量の摂取はNG！

身体にいいからといっても、大量の摂取は身体に害を及ぼします。炒め物や揚げ物に使うなど、料理に使って間接的に摂取するようにしてください。「身体にいいから！」と多量に飲み干すなど、過剰な摂取は絶対にしてはいけません。

## 異常を感じたら即中止！

私たちの身体は、微妙なバランスでできています。例えば、コーヒーが大好きでも、飲み過ぎれば気分が悪くなることがあります。また、同じ食品でも、特定の銘柄や産地の商品だけが身体に合わないということもあるでしょう。

食用オイルも同じです。気分が悪くなったり、かゆみが出たり、発疹が現れるなどの異常がある場合は、すぐに使用を中止し、医療機関を受診してください。アレルギー反応の可能性があります。

## 持病がある方は

高脂血症や糖尿病など、その他でも持病がある方は、使用を始める前にかかりつけ医に相談してください。どんな食品でも「身体にいい」は、万能ではありません。病気に影響を及ぼしてしまうこともあるので、食用オイルを使う場合は慎重になってください。

オイルは健康の維持に有用な食品です。適量を守り、正しく使えば、健康の増進に役立ちます。

# オイルの基礎知識

私たちの生活に欠かすことのできないオイル。オイルと一口にいっても、食用や工業用、燃料用など、その性質や用途はさまざま。オイルの基本や特徴を押さえ、うまく生活に取り入れてみよう。

## 油脂とは

油脂とは、常温で固体の「脂肪」と常温で液体の「油（脂肪油）」の総称で、脂肪酸とグリセリンの化合物である。水に溶けない性質を持ち、主に植物油、動物油、鉱油に大別される。植物油は植物に含まれる脂質を抽出・精製した油脂で、食用油やキャリアオイルとして使われる身近なオイルだ。動物性油は動物由来の油で、ラードや牛脂などでおなじみ。鉱油は石油（原油）、天然ガス、石炭などから得られる油で、機械の潤滑油やプラスチック、ゴムなどの工業用途に使用される。本書では主に植物油を紹介する。

| 分類 | | 特徴 | 例 |
|---|---|---|---|
| 植物油 | 油 | 植物から採れる油で、常温で液体。食用や美容、燃料など、さまざまな用途に使われる。 | オリーブオイル、キャスターオイル、ゴマ油など |
| | 脂肪 | 常温で固体の植物性油。飽和脂肪酸を多く含む。 | シアバター、マンゴーバターなど |
| 動物性油 | 海産動物油 | 硬化してマーガリンやショートニングの原料として使われる。また、魚油に豊富に含まれる高度不飽和脂肪酸は健康食品やサプリメントとして利用される。 | 魚油、鯨油など |
| | 陸産動物油 | 飽和脂肪酸が多いため融点が高く、通常固形のものが多い。主に食用や化粧品に使われる。 | ラード、牛脂、馬油など |
| 鉱油（鉱物油） | | 石油由来の油で、重い炭化水素から成る。ミネラルオイルと呼ぶこともあるが、栄養素としてのミネラルではなく、単に「鉱物」のことを指す。刺激が少なく、潤滑性と保湿力に優れており、比較的安価で大量に製造することができる。 | エンジンオイル、ワセリン、ベビーオイルなど |

## 💧 精油（エッセンシャルオイル）と植物油の違い

精油は、植物の花、茎、幹、根、樹脂、果皮などから水蒸気蒸留法や熱水蒸留法によって得られる揮発性の油のことで、油脂とは区別される。特有の香りがあり、主に化粧品の香料などに用いられる。アロマテラピーでは、精油を希釈する際に用いる植物油のことを「キャリアオイル」または「ベースオイル」と呼ぶ。「キャリア（carry＝運ぶ）」という名の通り、精油の有効成分を身体へ運ぶことが名前の由来といわれており、精油とは異なり直接肌に塗ることができる。

| 分類 | 特徴 | 例 |
|---|---|---|
| 精油 | 芳香植物から香り成分を抽出して得られる揮発性の油で、大量の植物からわずかにしか採れない。原液では刺激が強いため、キャリアオイルで希釈するのが基本。 | オレンジ、ペパーミント、ティーツリー、ローズマリー、ハッカなど |
| 植物油 | アロマテラピーにおいて、精油を希釈する際に用いる。マッサージやスキンケアにそのまま使用することができる。「ベースオイル」「キャリアオイル」とも呼ばれる。 | ホホバオイル、アルガンオイル、グレープシードオイル、ココナッツオイルなど |

## 💧 油の歴史

人類が最初に使い始めた油は動物性の油脂で、旧石器時代後期に灯火の燃料として獣脂を使用していた。一方、最古の植物油はオリーブオイルかゴマ油ではないかといわれている。オリーブオイルは、中近東を中心に紀元前4000年頃にはすでに作られ、古代エジプトでは医薬品や石けん、灯りの燃料として使われていた。後にギリシャなど地中海地域に伝わると食用油として使われるようになり、やがてヨーロッパへと広まった。ゴマの原産地はアフリカのサバンナ地域だが、ゴマ油を作り始めたのは古代エジプトとされ、食用のほか、クレオパトラが香料や化粧品として使っていた。その後、ゴマはシルクロードを経て、インド、中国へと一気に広まり、インドの伝統医学「アーユルヴェーダ」においてゴマ油は欠かせない油となった。

▲トルコ西部の都市ウルラで見つかったオリーブオイルの貯蔵用土器（Cagkan Sayin/Shutterstock.com）。

# 💧 搾油方法

植物油は通常、原料となる植物を圧搾して抽出されるが、手作業で種子や実をすりつぶしたり、搾ったりするのは効率が悪いため、古代より石臼などの圧搾機が用いられてきた。この方法は低温圧搾法と同じ原理である。現在、植物油の抽出は、コストがかからず大量に油分を抽出できる溶剤抽出法が一般的だが、栄養や香りなど質にこだわるなら、低温圧搾法で作られたものを選ぶとよいだろう。

▲古代ギリシャで使われていたオリーブオイルの圧搾機。

| 搾油方法 | 特徴 |
|---|---|
| 圧搾法 | 温度管理を行わずに圧搾して油分を抽出する。油分の多い原料の場合、この方法を用いる。 |
| 低温圧搾法（コールドプレス） | 低温（30℃以下）で圧搾して抽出する。時間がかかるが、栄養素やビタミンを壊さずに油を抽出することができる。コールドプレス法とも呼ばれる。 |
| 溶剤抽出法 | 原料に溶剤（ヘキサン）を加え、油分を抽出する。ヘキサンは、油の精製過程で蒸留によって完全に取り除かれる。油分の少ない原料は主にこの方法で搾油する。大量に抽出できて安価に販売できる。 |
| 圧抽法 | 圧搾した際に原料残油が10〜20%あり、残りを採油するために抽出法を併用する。菜種油など油分の多い原料はこの方法で搾油する。 |
| 遠心分離法 | 原料の果肉を細かく切ってから高速回転機に入れ、油分だけを飛ばす方法。 |

# 💧 精製

搾油されたオイルには、ガム質、遊離脂肪酸、色素や有臭物質などの不純物が含まれているため精製を行う。精製によって、オイルの色や質感、匂いや風味などが決まる。未精製のオイルは栄養素や有効成分などが損なわれることはないが、長期保存はできないものが多い。

◀精製されたオイルは容器に充填され、製品となる。

## 💧 脂肪酸とは

体の細胞を作るために必要な脂肪酸は、脂質を構成する主要成分である。脂肪酸は複数の炭素が鎖状につながった形をしており、炭素の鎖の長さと炭素同士の結合方法によって、さまざまな種類に分類される。炭素と炭素が二つの手で結びついた二重結合を有するものを不飽和脂肪酸、全く含まないものを飽和脂肪酸という。

| 飽和脂肪酸 | 不飽和脂肪酸 |
|---|---|
| ●常温で固体 | ●常温で液体 |
| ●動物性油に多い | ●植物性油に多い |
| ●炭素の二重結合がない | ●炭素の二重結合がある |

### 飽和脂肪酸

牛脂やラード、バターなどに多く含まれており、エネルギー源として効率がよい。飽和脂肪酸が不足すると脳出血のリスクが高まるが、摂りすぎると血中コレステロールが増加し、心筋梗塞のリスクが増大する。主な脂肪酸は、パルミチン酸、ステアリン酸など。

### 不飽和脂肪酸

植物油や魚油に多く含まれており、二重結合を二つ以上持つ多価不飽和脂肪酸と、二重結合がひとつの一価不飽和脂肪酸に分けられる。一価不飽和脂肪酸は体内で合成できるが、多価不飽和脂肪酸は体内で合成することができず食物から摂取する必要があるため、必須脂肪酸と呼ばれる。なお、望ましい脂肪酸摂取の比率は、飽和脂肪酸：一価不飽和脂肪酸：多価不飽和脂肪酸＝3：4：3といわれている。

| 分類 | | 特徴 |
|---|---|---|
| 多価不飽和脂肪酸<br>（必須脂肪酸） | オメガ3系<br>脂肪酸 | 血液中の中性脂肪を減らし、アレルギーを予防する効果があるとされる。熱に弱く、酸化しやすい。 α-リノレン酸、エイコサペンタエン酸(EPA)、ドコサヘキサエン酸(DHA)などがある。 |
| | オメガ6系<br>脂肪酸 | 血中コレステロール値や血圧を下げる効果があるとされるが、摂りすぎるとアレルギーを誘発しやすくなる。リノール酸、γ-リノレン酸、アラキドン酸などがある。 |
| 一価不飽和脂肪酸 | オメガ9系<br>脂肪酸 | 悪玉コレステロール値を抑制する効果があるとされる。オリーブオイルに多く含まれるオレイン酸が有名。二重結合がひとつのため、酸化しにくい。 |

## トランス脂肪酸とは？

トランス脂肪酸は、マーガリンやショートニングなど、液体の油を硬化させるために水素が添加された食品に含まれる。不飽和脂肪酸には、シス型とトランス型の2種類があり、トランス脂肪酸とは、二重結合に付く水素原子の位置がトランス型の不飽和脂肪酸のことである。また、植物油の精製の脱臭工程において、生成されることもある。トランス脂肪酸は悪玉コレステロールを増加させる原因とされているが、現在のところ日本では規制されていない。生活習慣病予防のためにも摂りすぎないよう注意が必要だ。

シス型　　　　　　トランス型

# 💧 酸化とは

油の酸化とは、空気中の酸素と油が結合すること。光や熱、空気によって促進され、酸化した油は不快な匂いがしたり、色が濃くなったりする。さらに酸化が進むと、毒性を持つ過酸化脂質という物質が作り出されることがある。多量に摂取すると、胸やけや胃もたれ、下痢や嘔吐などを引き起こす恐れがあるため、極力口にしないようにしよう。

### 酸化チェックリスト

- ☐ 色が濃くなる
- ☐ 嫌な匂いがする
- ☐ 不自然な粘りがある
- ☐ 泡が消えない

▲油の使い回しは、2、3回が限度。

### 保存方法

油の保存の仕方によって酸化を極力遅らせることができる。光や熱は酸化が進む原因になるので、ガスコンロの周辺には置かず、暗くて涼しい場所に保管しよう。また、空気も酸化を促進させる原因のひとつ。埃や虫などの混入を防ぐためにも、ふたはしっかりと閉めること。上手に保存して劣化を防ぐとともに、開封したらなるべく早く使い切ろう。

# 💧 本書の見方

本書では、基本的な植物油60種類を50音順に並べて、各オイルの写真とともに、特徴や基礎知識、利用方法を簡単に解説する。

**オイルの基礎知識**
原料となる植物の特徴や歴史、オイルの抽出方法や利用方法など、各オイルの基本的な情報。

**特徴**
各オイルの特徴を紹介。

**主成分**
各オイルに含まれる脂肪酸の種類など、主成分を紹介。

**通し番号**

**オイル名**

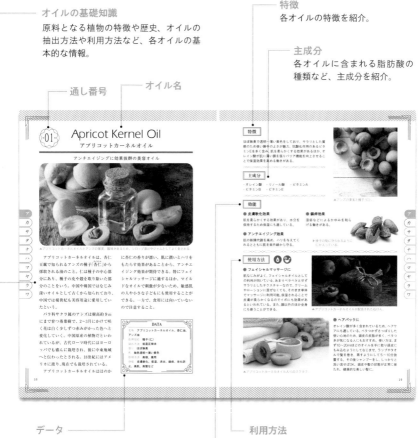

**データ**
各オイルの名称、使用部位、抽出方法、香り、色、使用方法、効能。

**利用方法**
各オイルがどのようなことに利用できるのかをアイコンで表示。アイコンの見方は以下の通り。

 薬用　 美容　 食用

**効能**
各オイルの効能を紹介。

※オイルは医薬品ではなく、健康効果を保証するものではありません。治療目的で使用することは避けてください。

※食用に使う場合は、オイルのラベルにも食用の表記があることを確認した上で使用してください。

*Vegetable Oil*

# オイル図鑑

さまざまな植物から採れる植物性のオイル。
それぞれの特徴や歴史を知って、オイルを
使いこなしてみよう。

# Apricot Kernel Oil
## アプリコットカーネルオイル

### エイジングケアに効果が期待できる美容オイル

▲アプリコットカーネルオイルとアンズの果実。酸味があるため、シロップ漬けやジャムとしてよく食される。

アプリコットカーネルオイルは、杏仁豆腐で知られるアンズの種子「杏仁（きょうにん）」から採取される油のこと。仁は種子の中心部分にあり、種子の皮や殻を取り除いた部分のことをいう。中国や韓国ではなじみ深いオイルとして古くから知られており、中国では楊貴妃も美容用途に愛用していたという。

バラ科サクラ属のアンズは樹高約9ｍにまで育つ落葉樹で、2〜3月にかけて咲く花は白く少しずつ赤みがかった色へと変化していく。中国原産の植物だといわれているが、古代ローマ時代にはヨーロッパでも盛んに栽培され、後に中東地域へと伝わったとされる。18世紀にはアメリカに渡り、現在でも栽培されている。

アプリコットカーネルオイルはほのか
に杏仁の香りが漂い、肌に潤いとハリをもたらす効果があるとされることから、エイジングケアに最適。特にフェイシャルマッサージに適するほか、マイルドなオイルで刺激が少ないため、敏感肌の人や小さな子どもにも使用することができる。一方で、食用には向いていないので注意すること。

---

### DATA

**名称** アプリコットカーネルオイル、杏仁油、アンズ油

**使用部位** 種子（仁）

**抽出方法** 低温圧搾法

**香り** ほぼ無臭

**色** 無色透明〜薄い黄色

**使用方法** 美容、薬用

**効能（期待）** 皮膚軟化、保湿、消炎、鎮痒、老化防止、美肌、美髪など

## 特徴

ほぼ無臭で透明～薄い黄色をしており、サラリとした質感のため使い勝手の良さが魅力。抗酸化作用のあるビタミンEを多く含み、肌を柔らかくする効果があるほか、オレイン酸が肌に薄い膜を張りバリア機能を向上させることで保湿効果を高める働きがある。

## 主成分

・オレイン酸　・リノール酸　・ビタミンA
・ビタミンB　・ビタミンE

▲アンズの果実と種子（仁）。

## 効能

### ❀ 皮膚軟化効果

肌を柔らかくする効果に優れ、水分を保持するため保湿にも適している。

### ❀ エイジングケア

肌の新陳代謝を高め、ハリを与えるとともに肌を紫外線から守る。

### ❀ 鎮痒効果

湿疹などによるかゆみを和らげる働きを期待できる。

▶種子の殻に守られるように仁が入っている。

## 使用方法

### ❀ フェイシャルマッサージに

肌なじみがよく、フェイシャルオイルとしての利用が向いている。あまりベタベタとせずサラリとしたテクスチャーなので、クリームやローションに混ぜなくても、そのまま単体でマッサージに利用可能。保湿されることで皮膚が柔らかくなるのでイボにも効果があるといわれている。また、顔以外のほか全身にも使うことができる。

▲アプリコットカーネルオイルが配合された石けん。

### ❀ ヘアパックに

オレイン酸が多く含まれているため、ヘアケアにも適している。ベタつかずさっぱりした使い心地のため、頭皮の皮脂が多く、ベタつきが気になる人にもおすすめ。使い方は、まず10～20mlほどのオイルを手に取り頭皮にもみ込むようにしてなじませ、ラップやタオルで髪を巻き、蒸すようにして5～10分放置する。その後シャンプーをし、しっかりと洗い流せばOK。頭皮や髪の状態が正常に保たれ、健康的な美しい髪に。

▲アプリコットカーネルオイル入りのスクラブ。

# Avocado Oil

## アボカドオイル

### 食用にも美容にも効果が期待できる優秀オイル

▲アボカドとアボカドオイル。果肉の約20%が脂肪分であることから「森のバター」とも呼ばれる。

　中央アメリカ原産のクスノキ科ワニナシ属の常緑高木、アボカド。その果実は食用としてはもちろん、インディオの間では化粧用や頭皮・身体のケアにも使われたという。15世紀ごろにヨーロッパにもたらされ、今では南アメリカ、スペイン、中近東などさまざまな地域で栽培されている。

　アボカドオイルは、果皮と核の間にある果肉をスライスして脱水・乾燥し、粉末にしてから低温圧搾法（コールドプレス）で抽出される。多くのアボカドオイルは化粧品製造業者の元へ行くため、ほとんどが精製されたものになるが、アロマテラピーや美容用として使用する場合は、未精製のものがよいとされる。

　なお、精製されたものは薄い黄色で香りがあまりなく、未精製のものは緑色でやや強い香りがある。まれに漂白された淡い緑色のアボカドオイルがあるので選ぶ際は注意したい。

　なお、アボカドオイルは低温になると有効成分が沈殿し、濁りやすい性質があるが、これはあまり精製されていない証拠でもあり、固まっても常温で元に戻る。

---

### DATA

名称　アボカドオイル
使用部位　果実
抽出方法　低温圧搾法
香り　アボカドの独特な香り
色　薄い黄色〜濃い緑色
使用方法　食用、美容
効能（期待）　皮膚軟化、保湿、抗酸化、抗炎症、美肌、老化防止、生活習慣病予防、美髪、紫外線防止など

## 特徴

薄い黄色〜濃い緑色まで精製度によりさまざまな色があり、色が濃くなるほどアボカド特有の香りや粘度が強くなる。基本的に濃厚で保湿・浸透力が高い。抗酸化作用のあるビタミンEを多く含むほか、ビタミンA、Bやレシチン、ミネラル、ペクチンなど栄養素も豊富。

## 主成分

・オレイン酸　・リノール酸　・パルミチン酸
・ビタミンE

▲緑色が濃くなるほど香りが強く粘度が高い。

## 効能

### ❀ 保湿効果

保湿効果が高く肌になじみやすいほか、低刺激で全身への使用が可能。

### ❀ エイジングケア

ビタミンEが体や肌の酸化を防ぎ、エイジングケアに適している。

### ❀ 生活習慣病予防

オレイン酸がコレステロール値を調整し、ビタミンEが抗酸化を促すことで、生活習慣病の予防が期待できる。

▶アボカドの果肉を搾って抽出される。

## 使用方法

### ❀ 食用油に

オリーブオイルよりも味や香りがマイルドなため、直接飲用する場合でもあまり抵抗なく飲むことができ、ドレッシングの材料（P.129参照）としてもおすすめ。また、クセもなく栄養も豊富なので、食用油として和食から洋食まで、幅広く料理に利用することができるのも特徴だ。

▲スーパーなどでも手に入りやすくなった（David Tonelson / Shutterstock.com）。

### ❀ ヘアパックに

栄養豊富なアボカドオイルは髪を強くして、育毛を促進する効果が期待できるので、ヘアパックにおすすめ。適量のオイルを手に取って頭皮をもみ込むようにマッサージしながら、毛髪にもたっぷり塗布し、タオルで包んで10〜20分置く。その後シャンプーでしっかりと洗い流せばOK。太陽光による紫外線ダメージからも頭皮や毛髪を守る。髪につやが欲しいときは、髪の表面や毛先に少量のオイルを塗るとよい。

▲アボカドの果肉をペースト状にしてオイルと混ぜれば、手作りのパックに。

# Amla Oil

## アムラオイル

### 豊富なポリフェノールを含む若返りのオイル

▲アムラオイルとアムラの実。日本では「ユカン（油柑）」と呼ばれるが、市場にはほとんど出回らない。

インド原産のアムラは、標高1500m以上の山の斜面に生育する落葉樹で、梅の実に似たピンポン玉大の果実が成る。

ビタミンCとポリフェノールを豊富に含み、インドの伝統医学アーユルヴェーダでは、さまざまな病気や老化を防ぐ効果があると重宝されてきた。サンスクリット語で「看護師」を意味する「アマラキ」という別名を持ち、果実はもとより、種や葉、木の幹や根にいたるまで薬に使用される。近年はスーパーフードとしても注目されているが、果実をそのまま食べると酸味と渋みが強いため、ピクルスや砂糖漬け、ジャムにして食されることが多い。なお、漢方では生薬名「アンマロク（庵摩勒）」として果実が使用される。

乾燥した種子から抽出される希少なアムラオイルは、果実と同様、豊富な栄養を含み、その有用性は多岐にわたる。特に、高い抗酸化作用は頭皮の血流を改善し、健康な髪を育てるための毛母細胞を活発にする働きがある。また、白髪や抜け毛を抑制する効果も期待できる。刺激もほとんどないため、敏感な頭皮や髪を持つ人でも取り入れやすい。

---

### DATA

名称　アムラオイル、インディアングズベリーオイル
使用部位　種子
抽出方法　低温圧搾法
香り　爽やかな香り
色　薄い黄色
使用方法　美容、薬用
効能（期待）　抗酸化、抗炎症、老化防止、生活習慣病予防、美肌、保湿、美髪、白髪防止、抜け毛防止など

ア
カ
サ
タ
ナ
ハ
マ
ヤ
ラ
ワ

## 特徴

「若返りの果実」と呼ばれるほど、ビタミンCとポリフェノールを豊富に含むアムラは、ビタミンCはレモンの10倍、ポリフェノールは赤ワインの30倍もあるといわれる。ポリフェノールに含まれるエラジタンニンは、体内で分解されるとエラグ酸に変化し、抗酸化作用、抗ウイルス、美肌などさまざまな効果が期待できるため、化粧品やサプリメントなどに用いられることが多い。

## 主成分

・オレイン酸　・リノレン酸　・リノール酸
・ビタミンC　・ポリフェノール（タンニン、ケルセチン）

▲高さ8mほどの木に鈴なりに実る。秋から冬にかけて収穫できる。

## 効能

▼新鮮な果実は透明感がある。

### ✴ エイジングケア

抗酸化作用とコラーゲンの保護作用により、老化防止や美肌に効果的。

### ✴ 便秘解消

整腸作用を持つペクチン（食物繊維）を豊富に含むため、下痢や便秘改善、デトックスにも役立つ。

### ✴ 冷え予防

ポリフェノールには血流を改善する作用があり、冷え予防につながる。

## 使用方法

### ✴ サプリメントとして

アムラエキス配合のサプリメント。ビタミンCやポリフェノールに含まれる強力な抗酸化作用により、美容効果はもちろん、動脈硬化や糖尿病、高血圧などの生活習慣病を防ぐ効果が期待できる。また、腸内環境を改善し、便秘解消やダイエットにも有効。

▲日本ではまだなじみのないアムラのサプリメント。

▲頭皮の乾燥によるかゆみやフケの悩みにも効く。

### ✴ ヘアオイルとして

頭皮用のマッサージオイルやヘアコンディショナー、洗い流さないトリートメントなど、好みに合った使い方で。毎日のヘアケアに取り入れることで、きしみや乾燥を防ぎ、髪にハリとコシを与える。

# Almond Oil
## アーモンドオイル

### 抗酸化作用を期待できる代表的なキャリアオイル

ア
カ
サ
タ
ナ
ハ
マ
ヤ
ラ
ワ

▲アーモンドとアーモンドオイル。オイルには食用と美容用の2種類がある。

　アジア西南部を原産とするバラ科サクラ属の落葉高木、アーモンド。種子の殻を取り除いた仁は、ナッツとして世界中で食用とされている。このアーモンドには「スイート種」と「ビター種」の2種類があり、一般的に食用とされるのはスイート種で、ここから採取されるオイルを特に「スイートアーモンドオイル」と呼ぶ。もう一方のビター種は刺激が強く、大量に摂取すると有害なことから、現在国内での流通は行われていない。

　アーモンドの仁には約50％の油分が含まれており、これを抽出したものがアーモンドオイルとなる。ただし、アーモンドオイルは食用と美容用の2種類に分類されることから、それぞれの用途に合った種類を選ぶよう注意すること。

　特に美容に使われる場合、敏感肌や赤ちゃんの肌にも使用できるほど低刺激で、全身に使うことができるという利点から、現在最もよく使用されるキャリアオイルのひとつとなっている。

　食用の場合はアーモンド由来の甘い香りから、菓子作りやドレッシングなどに利用される。

---

### DATA

名称　アーモンドオイル、スイートアーモンドオイル

使用部位　種子（仁）

抽出方法　低温圧搾法、溶剤抽出法など

香り　ほんのりと甘いアーモンドの香り

色　薄い黄色

使用方法　食用、美容、薬用

効能（期待）　抗酸化、老化防止、美肌、保湿、消炎、貧血予防、便秘予防、デトックス、ホルモンバランス調整、鎮痙、コレステロール値低下など

## 特徴

ほんのりと甘いアーモンドの香り。ビタミンEとオレイン酸を豊富に含むことから抗酸化作用に示唆し、エイジングケアに役立つ。マグネシウム、カリウム、亜鉛、鉄といったミネラルも豊富なほか、赤ちゃんの発育に大切な葉酸も豊富なため、妊娠中の方にもおすすめ。

## 主成分

・オレイン酸　・リノール酸　・パルミチン酸
・ビタミンE　・ビタミンK

▲アーモンド特有の甘い香りも好まれる。

## 効能

▼アーモンドの果実と、仁を乾燥させたアーモンド。

### ❀ 美肌効果

メラニンの生成や、メラニンを黒くするとされる酵素の働きを抑制する。

### ❀ 女性特有の悩みを解消

ビタミンEが血流を改善し、冷え性や女性ホルモンのバランスを整えるほか、鉄分が貧血などの症状の改善に役立つ。

### ❀ 便秘解消・デトックス効果

豊富な不溶性食物繊維により、滞留便や毒素の排出効果が期待できる。

## 使用方法

### ❀ クレンジングオイルとして

低刺激で保湿力にも優れているアーモンドオイル。特にメイク汚れとなじみが良いことから、クレンジングオイルとして使用するのもおすすめ（ただし、目元や口元のポイントメイクは専用リムーバーで落としておくこと）。毎日、使い続けることで、毛穴詰まりの解消や美肌効果も期待でき、一石二鳥。

▲手持ちのクリームにアーモンドオイルを混ぜても◎。

▲アーモンドオイルに緑茶とスパイスを混ぜた手作りのヘアコンディショナー。

### ❀ ボディオイルとして

適量のオイルを、直接またはローションなどと混ぜてから手に取り、ボディマッサージに。皮膚を柔らかくし、水分や栄養分を肌の中に閉じ込めるエモリエント効果により、しっとりしたハリのある肌へと導くとされる。

### ❀ コンディショナーとして

シャンプー後の濡れた髪全体に数滴のオイルを付けることで、髪を強くし、切れ毛予防が期待できる。

# Argan Oil
## アルガンオイル

「モロッコの黄金」と称される万能美容オイル

▲中央から時計回りに、アルガンオイル、アルガンの乾燥果実、種子、仁、熟していない果実。

　8000万年も前からモロッコ南西部にのみ自生するアカテツ科の被子植物、アルガンツリー（アルガンノキ）。その種子（仁）から採れるアルガンオイルは、現地の女性たちの手作業で採油されるうえ、ひと粒から採れる油がわずか3％と少量なことから、希少価値の高い高級オイルとして知られている。

　アルガンツリーが自生するのは、高温かつ雨がほとんど降らない過酷な地。そのため根を地下30mほどまで深く張り、そこから水を吸って養分を蓄えているので、アルガンオイルにも非常に豊富な栄養分が含まれている。

　現地では皮膚病の薬としても利用されていたが、現在は主に美容目的で世界中で利用されており、特にヘアケアの分野で高い人気がある。

　このほかにも、種子を焙煎してから搾油したローストタイプのオイルもあり、こちらは食用として利用されている。食用のアルガンオイルにはナッツのような風味や、クセのないゴマ油のような香ばしい風味があるとされ、モロッコではサラダやクスクスなどに使われる。

---

**DATA**

名称　アルガンオイル
使用部位　種子（仁）
抽出方法　低温圧搾法
香り　ほぼ無臭〜ナッツのような香ばしい香り
色　薄い黄色
使用方法　食用、美容、薬用
効能（期待）　抗酸化、皮膚軟化、保湿、美髪、美肌、老化防止など

## 特徴

美容用のオイルはほぼ無臭だが、焙煎したオイルは香ばしい風味を持つ。最大の特徴は、オリーブオイルの数倍といわれる豊富なビタミンE。「天然の防腐剤」ともいわれ、抗酸化作用や血行促進、肌の再生を早める効果が期待できるほか、オイル自体も酸化に強く劣化しづらい。

## 主成分

・オレイン酸　・リノール酸　・パルミチン酸
・ビタミンE

▲アルガンの木に登って果実を食べるヤギ。

## 効能

### ✤ 保湿効果

優れた浸透力を持ち、肌の水分と油分のバランスを保つ。

### ✤ 皮膚軟化効果

肌を柔らかくして水分を保ち、栄養分を吸収しやすくする。

### ✤ エイジングケア

ビタミンEやポリフェノールなどの抗酸化物質が活性酸素を除去し、細胞の老化防止が期待できる。

▶アルガンの熟した果実。
種子の中の仁から採油する。

## 使用方法

### ✤ ヘアケアに

アルガンオイルといえば、頭皮や髪への効果が有名といわれる。シャンプー後、髪に少量のオイルをすり込んでから乾かすと、髪に適度な油分と栄養を与え、サラサラに保つことができる。また、シャンプー前の頭皮にオイルを数滴垂らし、マッサージをしてから洗うと、毛穴の汚れが落ちやすくなる。

▲手作業で搾油するモロッコの女性 (danm12 / Shutterstock.com)。

▲焙煎されるアルガンの種子 (仁)。

### ✤ 食用に

種子 (仁) を焙煎してから搾油されるローストタイプの食用アルガンオイルは、加熱するとヘーゼルナッツのような香ばしい香りが増して食欲増進にもつながる。あまりクセはないので食材を選ばずに使えるが、特にトマトや卵、豆腐などとの相性が良く、身体の内側からもエイジングケアが期待できる。オイルとハチミツ、アーモンドペーストを混ぜ、パンを浸して食べるモロッカンスタイルもおすすめ。

# Aloe vera Oil

## アロエベラオイル

### 常備薬としても使える効能豊かなオイル

▲アロエベラの葉肉とアロエベラオイル。オリーブオイルに漬けて作られる。

ア
カ
サ
タ
ナ
ハ
マ
ヤ
ラ
ワ

　高温の乾燥した環境に自生するアロエ属の多肉植物で、北アフリカ、カナリア諸島、地中海沿岸、オーストラリア、アメリカの一部などに分布するアロエベラ。

　優れた薬効を持ち、古代エジプトでは「不死の植物」と呼ばれて感染症や発疹、やけどの処置に利用されるなど、古くから薬草として利用されてきた。また、スペインのキリスト教宣教師たちは、病人の処置に利用するため、常にアロエベラを携行していたという。

　アロエベラオイルは、アロエベラをオリーブオイルなど脂肪酸を多く含むオイルに漬け込む浸出法によって作られる。高温に加熱したオイルにアロエの葉を漬け込むと、細胞膜が壊れて栄養素とエキスが溶け出し、それをオイルが吸収する。

　この混合液をろ過したものがアロエベラオイルと呼ばれ、アロエ単体で作られるアロエジェルと比べて、より長く保管できるようになる。

　用途としては幅広く、アロマテラピーやマッサージオイル、ヘアケア製品、日焼けや虫刺されといった皮膚疾患、デンタルケアなどに利用されている。

---

### DATA

名称　アロエベラオイル、アロエオイル
使用部位　葉、茎
抽出方法　浸出法
香り　ほのかな薬草の香り
色　薄い黄色～薄い緑色
使用方法　美容、薬用
効能（期待）　抗炎症、保湿、美肌、抗酸化、抗菌、収れん、創傷治癒など

---

## 特徴

アロエ由来のほのかな薬草の香りがある。ビタミン、ミネラル、アミノ酸、酵素などの豊富な栄養素を含み、特に保湿力に優れ低刺激なのが特徴。肌の再生を助けるともいわれ、日焼け後のローションやマッサージ用のボディオイル、フェイシャルクリームなどにも応用されている。

## 主成分

※脂肪酸はベースオイルによる。

- β-カロテン
- ビタミンC、A、E、B1、B2、B6
- ミネラル
- アミノ酸

▲60〜100cmの高さに育つアロエベラ。

## 効能

### ❀ 抗炎症・抗菌効果

皮膚の炎症、かゆみ、虫刺されなどの症状の改善に役立つ。

### ❀ 肌再生効果

軽い切り傷や創傷、日焼けから皮膚が回復するのを助ける。

### ❀ 美肌・保湿効果

β-カロテン、ビタミンC、Eなどが、乾燥肌をはじめとするさまざまな肌トラブルの改善が期待できる。

▶分厚い葉の内部には透明なジェル状の葉肉がある。

## 使用方法

### ❀ 手作りの常備薬として

清潔な保存容器にオリーブオイルなどの植物性オイル（食用でないもの）を入れてから乾燥させたアロエの葉を加え、1カ月ほど置いてきれいな布でこせば、手作りのアロエベラオイルに。常温でも保存できるが、酸化するためできれば2カ月くらいで使い切るのがベター。

▲遮光性タイプの保存容器を使えば、酸化予防になる。

### ❀ デンタルケアに

細菌の繁殖を抑える効果があるとされ、歯茎と歯のマッサージオイルとして使用すれば、虫歯、歯垢や歯肉炎といった口内トラブルの予防につながる。

### ❀ 頭皮トラブルに

シャンプー後、適量のアロエベラオイルを手に取り、頭皮にもみ込むようにしてマッサージすれば、フケや頭皮の乾燥を軽減するほか、髪の成長を促す効果も期待できる。

▲常備しておけばさまざまな症状に利用できる。

# Evening Primrose Oil

## イブニングプリムローズオイル

### 必須脂肪酸を豊富に含む薬効豊かなオイル

▲イブニングプリムローズ（和名はメマツヨイグサ）の花と種子、イブニングプリムローズオイル。

イブニングプリムローズオイルとは、北アメリカを原産とするアカバナ科の植物、月見草の種子から採れるオイル。「月見草」という名前は黄色い花を夕方から夜にかけて咲かせ、翌朝にはしぼんでしまうことから付けられたもので、川底や海辺、砂漠などの厳しい環境下でも繁殖できるほどの、強い生命力を持っている。17世紀にヨーロッパにもたらされて以降、地中海沿岸を中心に広く繁殖している。

この月見草には、ビタミンやミネラル、必須脂肪酸といった栄養素が豊富に含まれており、ネイティブ・アメリカンの間では古くから傷の治療薬や食用として利用されていたという。

なかでも、イブニングプリムローズオイルに含まれるオメガ6系脂肪酸のγ－ガンマ

リノレン酸は、食事などから必ず摂取するべきとされる必須脂肪酸のひとつで、特に健康な皮膚を保つために必要な栄養素として知られている。このことから、乾燥肌や軽度のアトピー性皮膚炎の治療に関する研究が進められているほか、女性ホルモンのバランス改善やダイエットなどでも効果が期待されている。

---

### DATA

名称　イブニングプリムローズオイル、月見草オイル
使用部位　種子
抽出方法　低温圧搾法
香り　独特なやや強めの香り
色　透明に近い薄い黄色
使用方法　美容、薬用
効能（期待）　創傷治癒、保湿、抗炎症、美肌、ホルモンバランス調整、生活習慣病予防、コレステロール値低下、皮膚軟化、老化防止など

アカサタナハマヤラワ

## 特徴

最大の特徴は、母乳にも含まれる必須脂肪酸の γ-リノレン酸を多量に含む点。ただし香りが少し強く質感が重いこと、やや高価なことから、マッサージなどに使う際はほかのキャリアオイルに混ぜて使う。また、酸化しやすいという特徴もあるため、酸化防止剤となるビタミンEが豊富なウィートジャームオイル（小麦胚芽油、P.32）をブレンドすると長持ちする。

## 主成分

・リノール酸　　・γ-リノレン酸　　・パルミチン酸

▲食用、薬用、観賞用と幅広い用途がある。

## 効能

### ❀ 皮膚疾患改善

γ-リノレン酸が皮膚を修復し、アトピーやアレルギー性皮膚炎などの改善に役立つ。

### ❀ ホルモンバランス調整

女性ホルモンのバランスを調整し、生理痛やPMS、更年期障害の症状の緩和に寄与する。

### ❀ 生活習慣病予防

血中の中性脂肪を減らし、善玉コレステロールを増やすほか、血圧の低下や食後の血糖値上昇抑制など、生活習慣病予防効果が期待できる。

### ❀ 保湿・美肌効果

肌の水分を保持し、栄養素を肌の中に溜めるエモリエント効果により、美肌や老化防止につながる。

## 使用方法

### ❀ ブースターオイルとして

エモリエント効果にも期待できるイブニングプリムローズオイル。乾燥が気になる部分に塗り込んで使うほか、ブースターオイルとして、洗顔後に適量のオイルを顔に塗ってから化粧水を使うことで、化粧水成分が肌により浸透しやすくなる。

▶月見草の種子。

### ❀ サプリメントとして

女性ホルモンのバランスを調整する働きがあるとされる γ-リノレン酸。これを多量に含むイブニングプリムローズオイルには、生理不順やPMS、生理痛、更年期障害など、女性特有のトラブルを改善する効果が期待されている。さらに、湿疹やアトピー性皮膚炎などの改善にも期待できる。イブニングプリムローズオイルを配合したサプリメントもさまざまな種類があるので、自分の症状に合う製品を試してみるとよいだろう。

▲イブニングプリムローズオイルのサプリメント。

ア
カ
サ
タ
ナ
ハ
マ
ヤ
ラ
ワ

# Wheat Germ Oil
## ウィートジャームオイル（小麦胚芽油）

### 抗酸化作用にすぐれた「ビタミンEの宝庫」

▲小麦とウィートジャームオイル。小麦の粒は、胚乳（約83％）、表皮（約15％）、胚芽（約2％）から成る。

ア
カ
サ
タ
ナ
ハ
マ
ヤ
ラ
ワ

西アジア〜中央アジアが原産とされ、現在では主要な穀物として世界中で栽培されているイネ科の植物、コムギ（小麦）。粒全体の約2％を占める胚芽（小麦胚芽）には、脂質、タンパク質、ミネラル、ビタミンなど、さまざまな栄養素が豊富に含まれており、小麦のなかで最も栄養素が多く含まれている部分といわれている。

ウィートジャームオイル（小麦胚芽油）とは、この小麦胚芽から抽出されるオイル。抽出には低温圧縮法のほか、小麦胚芽をいったんオリーブやアーモンド、サンフラワーなどの低温圧搾されたオイルに加えて胚芽にオイルを吸収させた後、低温圧搾するという方法もある。オイルの含有量が13％と少なく、搾油に多量の原料が必要なことや、食用油としての需

要がほとんどなく大量生産されていないことから、比較的高価なオイルとなっている。

食用としても使用は可能で、加熱してもある程度は栄養が保たれるため、炒め物など短時間の加熱調理や、非加熱でドレッシングなどに使うと効率よく栄養を摂取できる。

---

### DATA

名称　ウィートジャームオイル、小麦胚芽油
使用部位　胚芽
抽出方法　低温圧搾法、溶剤抽出法、浸出法、高温圧搾法
香り　小麦の香ばしい香り
色　薄い黄色
使用方法　美容、薬用、食用、工業用
効能（期待）　抗酸化、皮膚軟化、美肌、消炎、保湿、疲労回復、老化防止、血流改善など

## 特徴

小麦由来の香ばしい香りのオイル。最大の特徴は、ほかのオイルに比べて10〜14倍のビタミンEを含む点。さらに4種類（α、β、γ、δ）のビタミンEをすべて含み、酸化に強く体内で吸収されやすいという性質や、不飽和脂肪酸も豊富という特徴も備える。

## 主成分

・リノール酸　・オレイン酸　・パルミチン酸
・リノレン酸　・ビタミンE

▲収穫期が近づいた小麦の穂。

## 効能

▼小麦胚芽。含油量は約8％で、そのまま食用にもなる。

### ❀ エイジングケア

ビタミンEの抗酸化作用により、皮膚細胞の新陳代謝を促す作用がある。

### ❀ 保湿・美肌効果

ビタミンEが、乾燥による肌トラブルや炎症などを抑えてくれるほか、紫外線から肌を守り、シミ・そばかすを予防する。

### ❀ 血流改善

肝機能や免疫力を高め、血中の脂質を溶かして血流の改善に役立つ。

## 使用方法

### ❀ マッサージオイルとして

入浴後、少量のウィートジャームオイルを手に取り、軽くマッサージしながら乾燥などが気になる部分に伸ばしていくと、ビタミンEの抗酸化作用により、ダメージを受けた皮膚を保護・保湿する。肉体疲労回復にも良いといわれるので、運動後のマッサージにもおすすめだ。

▲ウィートジャームオイルを使ったハンドメイドの石けん。

▲小麦のスプラウト（若芽）にかければヘルシーなサラダに。

### ❀ オイルの酸化防止剤として

酸化を防ぐビタミンEを豊富に含むウィートジャームオイル。この性質を利用して、ローズヒップオイル（P.118）やイブニングプリムローズオイル（P.30）といった酸化の早いキャリアオイルに酸化防止剤としてブレンドしておくことで、各オイルの品質を長持ちさせることができる。添加する量は、ほかのキャリアオイルの5〜20％ほどが目安。オイルを用いた手作りコスメの酸化防止剤としても役立つ。

※小麦アレルギーの人は使用に注意すること。

# Walnut Oil
## ウォールナッツオイル（クルミ油）

### 料理にも美容にも使える万能オイル

▲クルミとウォールナッツオイル。クルミの殻（核果）は専用のくるみ割り器もあるほど非常に硬い。

アカサタナハマヤラワ

ヨーロッパ南西部からアジア西部が原産とされるクルミ科の落葉高木、クルミ（胡桃）。氷河期以前から地球に存在する歴史ある木で、木材のほか、種子（仁）はナッツとして古代から食用として利用されてきた。

ウォールナッツオイル（クルミ油）とは、この種子（仁）を搾って抽出されるオイルで、乾燥や脱臭、脱酸（酸素を取り除く）などの処理を経て精製される。

なお、クルミの含油量は65〜70％と高く、100kgのクルミから約25〜30kgものオイルを抽出できる。このことから、「油の貯蔵庫」とも呼ばれている。

オイルにはクルミ独特の香ばしい風味がありクセも少ないことから、主に食用として利用される。特に、リノール酸、α

-リノレン酸、オレイン酸といった必須脂肪酸が主成分で、ビタミンやミネラルもバランスよく含むことから、近年はヘルシーオイルとしても注目されている。

また、木工製品の仕上げ用や油絵具の成分として使われるほか、美肌や保湿効果が期待されるなど、美容面でも利用される万能オイルとなっている。

---

### DATA

名称　ウォールナッツオイル、ウォールナットオイル、クルミ油
使用部位　種子（仁）
抽出方法　低温圧搾法
香り　クルミの独特な香り
色　薄い黄色
使用方法　美容、食用、薬用、工業用
効能（期待）　抗炎症、血圧降下、保湿、血流改善、むくみ改善、エネルギー補給、もの忘れ予防など

## 特徴

淡いクルミ特有の香りとあっさりとした口当たりが特徴で、料理に使うと食材の味を引き立て、食欲増進に効果があるとされる。ただし高温に弱く、160℃以上になると必須脂肪酸のほとんどが効能を失ってしまうため、加熱して使う際は強火にならないよう気を付けること。また、酸化しやすいという特徴もあるため、開封後はなるべく早めに使い切るとよいだろう。

## 主成分

- ・リノール酸　・オレイン酸　・α-リノレン酸
- ・パルチミン酸　・ビタミンK　・ビタミンE

▲伝統的な石臼を使って搾油される様子。

## 効能

### ❀ エネルギー補給

精白米の3〜4倍のカロリーを持ち、少量でも効果的にエネルギーを補える。

### ❀ もの忘れ予防

α-リノレン酸などが神経・脳細胞を保護し、もの忘れ予防などに効果が期待される。

### ❀ むくみ改善

ビタミンEやα-リノレン酸が血流を改善し、ミネラルが体内の老廃物を排出して水分バランスを保つことから、むくみ改善効果が期待できる。

▶ クルミの果実（仮果）、
その中の殻（核果）、種子（仁）。

## 使用方法

### ❀ ドレッシングに

ウォールナッツオイルは加熱には向かないため、生野菜やゆで野菜のドレッシングとして使うのがおすすめ。そのまま使用すれば、サラダ油にはない香ばしいクルミの香りが楽しめる。また、肉や魚の下味として、ほかの調味料と合わせて漬け込んでから加熱すると、よりいっそう香りが引き立つ。

▲リンゴ、クランベリー、クルミ、ホウレンソウ、ポピーシードのサラダにウォールナッツオイルをかけて。

▲酸化しやすいため、遮光瓶に入れて保存するとよい。

### ❀ ボディマッサージに

なめらかでベタつきの少ないウォールナッツオイルはマッサージオイルに最適。入浴後、オイルを2〜3滴手に取り、太ももやふくらはぎなど、むくみが気になる部分にマッサージしながら塗り込むと、むくみがとれる。また、オイルが肌に吸収されて保湿効果も得ることが期待できる。ただし、マッサージに使用する際は、マッサージ専用タイプまたはコールドプレスタイプのオイルを使用すること。

# Perilla Oil

## エゴマ油（ペリーラオイル）

### α-リノレン酸を豊富に含むヘルシーオイル

▲エゴマ油とエゴマの種子。日本では、種子を炒ってからすりつぶし、薬味などとして食用にする。

東アジアを原産とするシソ科の植物、エゴマ。韓国では香草として広く食用とされるほか、東北地方では「食べると十年長生きする」という言い伝えから「じゅうねん」とも呼ばれる。この種子から得られるのがエゴマ油（ペリーラオイル）で、シソに似ていることから「シソ油」と呼ばれることもある。

エゴマは日本でも縄文時代から食されていたとされ、平安時代には搾油が始まったという。エゴマの種子の含油量は35〜40％と豊富で、当時は食用のほか灯明油に使われていた。また、空気中で徐々に酸化して固まる乾性油であることから、防水用の塗料として紙や雨具などにも利用されたという。現在ではこうした需要は低くなったものの、朝鮮半島では「ト

ゥルギルム」と呼ばれ今も広く利用されている。また工業用としては、塗料樹脂の原料、リノリウム、印刷インキ、ポマード、石けんなどの原料にも使われる。

特に近年、現代人に不足しがちなオメガ3系のα-リノレン酸含有量が、ほかのオイルに比べて圧倒的に多いことから、健康面で再び注目されるようになった。

---

### DATA

名称　エゴマ（荏胡麻）油、ペリーラオイル、荏の油、シソ（紫蘇）油
使用部位　種子
抽出方法　低温圧搾法、圧搾法
香り　無臭　色　黄色
使用方法　食用、美容、薬用、工業用など
効能（期待）　血流改善、抗炎症、抗酸化、抗アレルギー、脂肪燃焼、鎮静、学習機能向上、生活習慣病予防など

## 特徴

新鮮なオイルは無味無臭だが、酸化すると魚のような生臭い匂いになる。最大の特徴はオメガ3系脂肪酸のα-リノレン酸を豊富に含む点で、生活習慣病予防やアレルギー予防に効果が期待されている。一方で非常に酸化しやすいという特徴もあり、酸化したオイルが体内に吸収されると動脈硬化やもの忘れの原因になることもあるため、十分注意すること。

## 主成分

・α-リノレン酸　・オレイン酸　・リノール酸
・パルミチン酸

## 効能

### ❀ ダイエット効果

代謝が活発になり脂肪が燃焼しやすくなるうえ、中性脂肪が付きにくくなるとされる。

### ❀ アレルギー症状改善

α-リノレン酸が体内でEPAやDHAに変化し、アレルギー症状の改善に役立つ。

### ❀ 血管増強効果

α-リノレン酸が体内でDHA（ドコサヘキサエン酸）やEPA（エイコサペンタエン酸）に変化し、血液の循環を促して動脈硬化などの予防が期待できる。

### ❀ 記憶・学習機能の向上

脳機能を改善しDHAが脳内の神経組織を保護することで、記憶・学習機能を高めるとされる。

## 使用方法

### ❀ ボディオイルとして

エゴマ油は肌に良い成分も豊富なので、ボディオイルとして使ってもOK。ただし少しクセがあるため、その場合にはほかのオイルとブレンドして使用するとよい。皮膚を柔らかくしたりや保湿のほか、足りない栄養素を補って、ハリとツヤのある肌へと導く。

▲ダイエット効果も期待されるエゴマ油。

▲鶏肉のサラダに直接エゴマ油をかけて。

### ❀「かける・付ける」調味油として

エゴマ油は加熱すると酸化して魚臭い匂いになり、食べづらくなってしまうため、調味油としてそのままかけたり、付けたりするとよい。しょうゆやみそ、かつお節や豆腐などとも相性が良いほか、パンやパスタなどにかけてもよい。エゴマ油そば（P.136）もおすすめ。なお、みそ汁などの熱い料理に入れる場合は、調理中ではなく飲む直前の器の中に垂らせば酸化を防ぐことができる。

※エゴマ油の1日の摂取量の目安は小さじ1杯程度。食べ過ぎると下痢など起こす場合もあるので注意すること。また、発砲スチロール容器を使ったカップ麺に入れると、容器が溶けることがあるため要注意。

# Olive Oil

## オリーブオイル

### 地中海文化に欠かせない歴史あるオイル

▲オリーブの果実とさまざまな種類のオリーブオイル。若い果実を絞ったものほど緑色が濃く、苦味が強くなる。

<table>
<tr><td>ア</td></tr>
<tr><td>カ</td></tr>
<tr><td>サ</td></tr>
<tr><td>タ</td></tr>
<tr><td>ナ</td></tr>
<tr><td>ハ</td></tr>
<tr><td>マ</td></tr>
<tr><td>ヤ</td></tr>
<tr><td>ラ</td></tr>
<tr><td>ワ</td></tr>
</table>

地中海沿岸を原産とするオリーブ。その起源は約6000年前にさかのぼり、主にスペイン、イタリア、ギリシャなどの原産地のほか、今ではアメリカやオーストラリアなど、世界で500種類以上の品種が栽培されている。

果実から抽出されるオリーブオイルは、紀元前4000年頃にはすでに利用されていた歴史を持つ。そのため、地中海沿岸の国々では文化的にも重要な存在で、宗教的な用途に用いられることもあるほか、料理にも欠かせない食材となっており、これらの地域では油といえばオリーブオイルを指すことが多い。

種子や果実から採取される植物油の多くが加熱や溶剤抽出工程を経るのに対し、オリーブオイルは生の果肉から非加熱で

果汁を絞って放置しておくだけで、自然に果汁の表面にオイルが浮かび上がり、これを分離することで得られる。国際オリーブ協会（IOC）では、高品質のものから順に、エクストラ・ヴァージンオリーブオイル、ヴァージンオリーブオイル、精製オリーブオイル、オリーブオイルなどと表記するよう定めている。

---

### DATA

名称　**オリーブオイル**
使用部位　果実
抽出方法　低温圧搾法
香り　フレッシュでフルーティーな香り
色　薄い緑色〜薄い黄色
使用方法　食用、美容、薬用、工業用など
効能（期待）　保湿、コレステロール値低下、抗酸化、動脈硬化予防、抗炎症、血流改善、腸内環境改善、血圧降下、美肌、老化防止など

## 特徴

最大の特徴は、主成分の77.3%が不飽和脂肪酸のオレイン酸である点。特に高品質のオイルにはポリフェノールなどの栄養素も豊富に含まれている。また、果実をそのまま絞って搾油されるため、フレッシュでフルーティーな風味を持つのも特徴で、品種により異なる個性を楽しめる。酸化には強いが紫外線に弱いため、冷暗所に保存して遮光するとより長持ちする。

## 主成分

・オレイン酸　・パルミチン酸　・リノール酸　・ビタミンE
・ポリフェノール　・ビタミンK　・ナトリウム

▲オリーブの果実を潰して搾油する様子。

## 効能

### ❀ コレステロール値低下

血中の悪玉コレステロールを減らし、中性脂肪の蓄積を抑える効果が期待できる。

### ❀ 美肌・エイジングケア

角質やシワを改善し、美肌や老化防止効果が期待できる。

### ❀ 便秘解消

オレイン酸は体内で消化吸収されにくく、便秘解消につながる。ただし体質によっては下痢を起こす場合もあるので注意する。

▲オリーブの果実。熟してくると、緑〜紫〜黒へと色が変わる。

## 使用方法

### ❀ 手作り石けんに

オリーブオイルを使った石けんは、保湿力抜群。オリーブオイル、ココナッツオイル、パームオイル、苛性ソーダ、精製水に、症状や好みに合った精油（エッセンシャルオイル）をブレンドすれば、自分だけの手作り石けんを作ることができる。作り方は、P.148を参照。

▲オリーブオイルを使った手作りの石けん。

### ❀ クレンジングオイルとして

オリーブオイル約3mlを手に取り、くるくると円を描くようにして顔全体になじませる。オイルがなじんだら、手のひらに水を数滴垂らし、オイルを乳化させた上で、もう一度顔全体に伸ばしてメイクを浮き上がらせる。丁寧にすすいだら、洗顔料などで洗えばOK。肌に必要な潤いを残したまま、優しくメイクを落とすことができる。オイルは食用ではなく美容専用のものを使用し、ポイントメイクは専用のリムーバーで落としておこう。

▲食用と美容用のオイルでは製造工程が異なり、食用オイルを肌に使用すると肌トラブルを招くこともあるため注意する。

# Cashew Oil

## カシューオイル

### 保湿効果と抗酸化作用に期待できる贅沢なオイル

▲カシューナッツとカシューオイル。カシューナッツの殻から抽出される油脂は、塗料の原料に利用される。

アカサタナハマヤラワ

香ばしい風味と歯ごたえが人気のカシューナッツ。原産はブラジルで、16世紀にインドや東南アジア、アフリカなどの熱帯地域に広まった。

カシューオイルの抽出はほとんどが手作業で、「カシューアップル」と呼ばれる果実の先端に成るカシューナッツを殻から取り出して乾燥させた後、皮を取り除

き、プレスして作られる。オレイン酸をはじめ、ビタミンD、E、鉄や亜鉛を豊富に含むことから、肌の炎症やニキビ、エイジングケアに役立つ。希少で高価なオイルだが、ベタつかず肌なじみに優れているため、少量を薄く伸ばすとよい。

食用に使う場合は、料理の風味付け、デザート、お菓子作りなどにおすすめだ。

---

### DATA

名称　カシューオイル、カシューナッツオイル、カシュー油
使用部位　種子（仁）
抽出方法　低温圧搾法
香り　独特なほのかな香り
色　黄色
使用方法　食用、美容
効能（期待）　保湿、コレステロール値低下、抗炎症、抗酸化、老化防止、美肌、美髪など

### 特徴

不飽和脂肪酸のオレイン酸を70%以上、リノール酸を7%含んでおり、オリーブオイルの脂肪酸組成に似ている。肌や髪に潤いを与える。

### 使用方法

サラリとした使い心地のため、ヘアパックにもおすすめ。乾いた髪に塗った後、30分以上置き、シャンプーで洗い流す。

▲カシューナットノキ。

# Camelina Oil

## カメリナオイル

### 加熱可能なオメガ3オイル

▲カメリナサティバの種子と金色の美しいカメリナオイル。

　3000年以上にわたり、油脂原料としてヨーロッパで栽培されてきたアブラナ科の植物カメリナサティバ。現在は世界各地の寒冷地で栽培され、豊富な栄養成分から「喜びの金」とも呼ばれる。

　特徴は、豊富に含まれるオメガ脂肪酸とそのバランスの良さ。ビタミンEやβカロテン、ポリフェノールなどの抗酸化成分を多く含むため、加熱しても酸化せず、オメガ3系脂肪酸を摂ることができる。また、コレステロールの吸収を抑える働きを持つ植物ステロールにより、生活習慣病の予防効果が期待できる。

　保湿オイルとしては、刺激が少なく皮膚バリア機能を強化する効果が期待できるので、赤ちゃんから使用可能だ。

アカサタナハマヤラワ

| 特徴 |
| --- |

必須脂肪酸のオメガ3、6、9を「2：1：2」と理想的なバランスで含む。熱に強く、開封後も常温保存が可能。

| 使用方法 |
| --- |

美容液の保湿成分としても利用される。そのまま使う場合は、化粧水で肌を整えた後、数滴垂らして顔や体全体に伸ばす。

▲和名は「ナガミノアマナズナ」という。

---

**DATA**

名称　カメリナオイル、アマナズナ油
使用部位　種子
抽出方法　低温圧搾法
香り　ほのかに草とナッツの香り
色　金色
使用方法　食用、美容
効能（期待）　保湿、コレステロール値低下、抗炎症、抗酸化、生活習慣病予防、便秘解消、美肌、美髪など

# Calendula Oil
## カレンデュラオイル

ヨーロッパの家庭に欠かせない万能常備薬

▲カレンデュラオイルとカレンデュラの花。ベースオイルによって成分や特徴が異なる。

ア
カ
サ
タ
ナ
ハ
マ
ヤ
ラ
ワ

地中海沿岸を原産とするキク科の植物、カレンデュラ。別名「ポットマリーゴールド」とも呼ばれ、和名では「キンセンカ」と呼ばれる。オレンジ色の鮮やかな花を咲かせることから、日本では主に観賞用として栽培されているが、ヨーロッパではハーブとして古くから薬用や食用花として利用されてきた。

特にその薬効はさまざまな症状に効くとされ、中世にはカレンデュラの花を眺めるだけで視力が強化されると考えられていたほか、幅広い皮膚トラブルの治療薬として利用されてきた。

また、食用とする場合は花びらを高価なサフランの代用品として利用することが多く、このことから「貧乏人のサフラン」とも呼ばれる。

このカレンデュラの花びらを乾燥させ、オリーブオイルやサンフラワーオイルなどの植物油に浸して、油溶性成分を抽出したものが、カレンデュラオイルだ。

簡単に手作りできて保存もきくカレンデュラオイルは、ヨーロッパでは古くから民間薬として利用されてきたといい、今もなお常備薬として使う家庭も多い。

---

**DATA**

名称　カレンデュラオイル、カレンドラオイル
使用部位　花びら
抽出方法　浸出法
香り　独特なやや強い香り
色　オレンジ色
使用方法　美容、薬用
効能（期待）　収れん、抗炎症、皮膚軟化、抗酸化、保湿、肌トラブル改善、創傷治癒、老化防止、美肌、産前産後のトラブル緩和など

## 特徴

花色に由来する鮮やかなオレンジ色と、独特な甘い花の香りを持つ。ビタミンAやβカロテン、サポニン、フラボノイドなどの有効成分により、肌の修復保護効果が期待できる。特に皮膚への刺激が少ないことが特徴で、敏感肌や乾燥肌のほか、赤ちゃんにも使用できる。

## 主成分

※脂肪酸はベースオイルによる。

・ビタミンA　・βカロテン　・サポニン
・フラボノイド　・レジン

▲園芸にも人気の高いカレンデュラ。

## 効能

### ❁ エイジングケア

βカロテン（ビタミンA）の抗酸化作用により、肌や髪などの老化を防止する。

### ❁ 産前産後のトラブル緩和

低刺激で妊娠中でも使用でき、妊娠線の予防や産後の不快な症状にも効果的。

### ❁ 傷や炎症の治癒

抗炎症や創傷治癒作用に効果が期待でき、湿疹やアザ、打撲、切り傷、静脈の損傷、やけど、日焼けといったさまざまな炎症に作用するといわれる。

▲乾燥させたカレンデュラの花。ドライハーブとしても販売されている。

## 使用方法

### ❁ 手作りの常備薬として

オリーブオイルやサンフラワーオイルなどの植物油を消毒した瓶に入れ、乾燥させたカレンデュラの花びらを加えたら、約1カ月間置いておく。オイルに花びらの色が移り成分が十分浸透したら、花びらをこして完成。毎日のスキンケアのほか、さまざまな肌トラブルの常備薬として利用できる。

▲花びらをベースオイルに漬け込んだ様子。

▲カレンデュラオイルとミツロウを混ぜれば、手作りの軟膏としても利用できる。

### ❁ 妊娠線予防マッサージに

妊娠中のお腹に毎日カレンデュラオイルを塗り込むようにして優しくマッサージすることで、皮膚が柔らかくなり妊娠線（ストレッチマーク）を予防することができる。

### ❁ 赤ちゃんの肌トラブルに

低刺激なのでベビーマッサージやオムツかぶれにも使用できる。あせもや湿疹があるときは、入浴後、患部に薄く伸ばしてあげればOK。

# Castor Oil

## キャスターオイル（ひまし油）

### ハチミツのような質感のデトックスオイル

▲キャスターオイル（ひまし油）とトウゴマ（別名ヒマ、蓖麻）の果実、乾燥させた果実と種子。

東アフリカ産とされるトウダイグサ科の植物、トウゴマ。現在は世界中に分布しており、観葉植物として利用されることも多い。この種子を圧搾して得られるのがキャスターオイル（ひまし油）で、ハチミツのように粘性のある質感が特徴だ。

その歴史は古く、古代エジプトや古代ギリシャでも使用された記録があるほか、インドでは紀元前2000年頃から伝統医療のアーユルヴェーダで利用されていた。

さまざまな薬効があるが、特に下剤としてはヨーロッパやアメリカの伝統医療で広く用いられ、現在の日本薬局方にも収載されている。一方で、猛毒のリシンが含まれていることから、使用の際は十分な注意が必要とされる。

薬用以外に、優れた性状と潤滑性から

工業用の原料としても広く利用され、初期の航空機用エンジンの潤滑油として使用されたほか、現代でもレース用のエンジンオイルやラジコン燃料などで使われている。このほかにも、石けん、天ぷら油の凝固剤、塗料、ワックス、ナイロン、医薬品、香水、ポマードなどの原料として、非常に幅広い用途がある。

---

### DATA

**名称** キャスターオイル、カスターオイル、ひまし油

**使用部位** 種子

**抽出方法** 低温圧搾法、圧搾法、溶剤抽出法

**香り** 独特なやや強い匂い

**色** 薄い黄色

**使用方法** 美容、薬用、工業用

**効能（期待）** 鎮痛、抗炎症、保湿、抗菌、美髪、緩下、抗酸化、便秘解消、デトックスなど

## 特徴

90%がリシノール酸であることが最大の特徴で、アルコールに溶けやすい性質を持つ。保湿性に優れているが、蜜に近い粘性の高いオイルであるということと、独特な匂いがあることから、マッサージに使う場合は、ほかのキャリアオイルに10%程度ブレンドするとよい。

## 主成分

・リシノール酸　・オレイン酸　・リノール酸
・パルミチン酸　・ステアリン酸

▲赤く色付く品種は「ベニヒマ（アカトウゴマ）」と呼ばれ、生花にもよく用いられる。

## 効能

### ❀ 皮膚修復作用

皮膚組織に浸透して傷んだ箇所を修復し、傷跡やシミを目立たなくする。

### ❀ デトックス効果

腸の働きを活性化させることで、毒素が体外へ排出されやすくなる。

### ❀ 新陳代謝・免疫力向上

体内の毒素が排出されて内臓機能が向上することで新陳代謝が活発になり、リンパや血の流れが良くなることで、免疫力向上につながる。

▲その見た目から「ダニ」を意味する学名を持つ。

## 使用方法

### ❀ 手作り石けんに

キャスターオイルを石けん作りに使うと、泡立ちがよく保湿力の高い、なめらかな石けんになる。ただし、キャスターオイルのみで作ると柔らかくなりすぎてしまうため、ベースオイルに10%ほど加えるのがおすすめ。ほかのオイルの鹸化（けんか）が早くなり、型入れまでの時間が短縮する効果もある。

▲キャスターオイルを使った手作りの石けん。

### ❀ 温熱パック（ひまし油湿布）として

キャスターオイルといえば、「ひまし油湿布」が有名。オイルに浸したフランネル布で腹部を覆い、ヒーターなどで約1時間温めれば、デトックス効果が期待できる温熱パックに。

### ❀ ヘアパックに

乾いた髪にオイルをなじませラップなどで覆い、しばらく置く。その後シャンプーで洗えば、潤いとツヤのある髪に。

▲キャスターオイルに、生卵などの好みの材料を混ぜてからヘアパックに使うのもおすすめ。

# Carrot Oil
## キャロットオイル

エイジングケアにおすすめなニンジンのオイル

▲キャロットオイルとニンジン。浸出油（インフューズドオイル）のため、脂肪酸組成はベースオイルにより変わる。

名前の通り、ニンジンの根から抽出されるキャロットオイル。細かく刻んだニンジンの根を、サフラワーオイル（ベニバナ油）、オリーブオイル、大豆油などのベースオイルに約3週間漬けた後、ろ過して得られる浸出油だ。

ニンジンにはβカロテンやビタミンEが豊富に含まれ、抗酸化作用の高さが特徴。肌のエイジングケに適しており、主に美容面で利用されるが、特有の土臭さや粘性の高さから、ほかのオイルにブレンドして使うのが一般的だ。

なお、ニンジンとは異なる種類のワイルドキャロット（ノラニンジン）の種子から水蒸気蒸留法で抽出される精油は、「キャロットシードオイル」と呼ばれる。

---

### DATA

名称　キャロットオイル、ニンジン油
使用部位　根
抽出方法　浸出法
香り　ほのかなニンジンの香り
色　オレンジ色
使用方法　美容、薬用
効能（期待）　抗酸化、老化防止、美肌、抗炎症、鎮痒など

### 特徴

ニンジン由来のオレンジ色と土臭さを持つ。主成分であるβカロテンが豊富で、強い抗酸化作用がある。ただし常温ではすぐに酸化してしまうため、冷蔵庫での保管がベター。

### 使用方法

入浴後、適量を手に取って気になる部分に塗ってボディオイルに。色が肌に付いてしまうのでよくふき取ること。

▲キャロットシードオイル。

# Grapeseed Oil

## グレープシードオイル

### 効能豊富でどんな料理にも使える優秀オイル

▲グレープシードオイルとブドウの種子。オイルとは思えないほどサラリとしている。

グレープシードオイルとは、ヨーロッパブドウ（ヴィニフェラ種）の種子から得られるオイルで、ワイン醸造の副産物でもあることからイタリア、フランス、スペイン、チリなどで生産される。

ワイン蒸留後に残ったブドウの種子を洗浄・乾燥させた後、細かく挽いて圧搾される。搾油には、低温圧搾法のほか種子の含油量が約13%と少ないことから、高温圧搾法を用いることも多い。

主に食用として利用され、無色透明でほぼ無味無臭な点や、健康面でも効果が期待されることから、さまざまな料理に使える。また保湿効果にも優れ、マッサージなどのキャリアオイルをはじめ、美容面でも幅広く利用されている。

**特徴** サラリと軽い質感で無味無臭という特徴を持つ。ビタミンEやポリフェノールなど栄養成分も豊富で、善玉コレステロールを増やし悪玉コレステロールを減少させる働きが期待できる。

**使用方法**

さっぱりしているため、ドレッシング、マリネ、炒め物、揚げ物など万能に使えて素材の味を引き立てる。

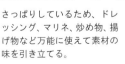

▲ブドウの種子。

---

### DATA

名称　グレープシードオイル、ブドウ油、ブドウ種子油
使用部位　種子
抽出方法　高温圧搾法、低温圧搾法
香り　ほぼ無臭
色　無色〜薄い黄緑色
使用方法　食用、美容、薬用
効能（期待）　保湿、収れん、抗酸化、老化防止、抗菌、血流改善、血圧低下など

47

# Cocoa Butter

## ココアバター

チョコレートの香りに癒される"甘い"オイル

▲乳白色のココアバターと、濃い茶色をしたカカオマス、乾燥したカカオ豆と果実。

ア
カ
サ
タ
ナ
ハ
マ
ヤ
ラ
ワ

ココアバターとは、中央〜南アメリカの熱帯地域を原産とする常緑樹、カカオの種子であるカカオ豆から抽出される脂肪分のこと。ひと粒に40〜50%含まれており、カカオ豆の胚乳を発酵、乾燥、焙煎した後、細かく砕いてすり潰した液体「カカオリカー」(冷却して固めたものは「カカオマス」)を圧搾し、ココアパウダーとココアバターに分離することで生産される。圧搾直後のココアバターには独特な匂いがあり薄黄色をしているが、その後さらに脱臭処理を施すことで、クセのないココアバターを作り出している。

産地や豆の種類により異なるが、ココアバターは室温で固形のまま保管でき、体温に近い32〜36℃で溶けるという特徴を持つことから、座薬などにも利用され

る。また、天然の酸化防止剤を含んでいるため腐りにくく、長期間保存できるのも大きな特徴だ。

滑らかな質感や甘い香り、皮膚を柔らかくする特性から、石けんやスキンケア製品、薬品、軟膏の原料としても利用されるほか、特にカカオ豆と同様、チョコレートをはじめとする菓子の原料となる。

---

### DATA

名称　ココアバター、カカオバター、カカオ脂
使用部位　種子
抽出方法　低温圧搾法、高温圧搾法、溶剤抽出法
香り　ほんのりと甘いチョコレートの香り
色　乳白色
使用方法　食用、美容、薬用
効能(期待)　利尿、刺激、皮膚軟化、保湿、抗酸化、呼吸器系の不調改善、鎮静など

## 特徴

チョコレートのほのかな甘い香りと、クリーム色のココアバター。固形油脂であるため常温では固まっているが、32〜35℃で溶解するという特徴を持つほか、酸化しにくく長期保存ができるので、使い勝手が良いというメリットも。また、保湿効果の高いオレイン酸を多く含む。

## 主成分

・オレイン酸　・ステアリン酸　・パルミチン酸
・ビタミンE　・ビタミンK　・コリン

▲溶けて液状になったカカオバター。

## 効能

**❀ 保湿効果**

オレイン酸が皮脂の蒸発を防ぎ、肌を保湿する。

**❀ 美肌・エイジングケア**

抗酸化作用のあるカカオポリフェノールが活性酸素を除去し、紫外線によるダメージから肌を守る。

**❀ リラックス効果**

チョコレートのような甘い香りには、リラックス効果があるとされる。

▶カカオの果実、カカオ豆、カカオマスから分離されたカカオバターとカカオパウダー。

## 使用方法

**❀ お菓子作りに**

食用に利用する際は、手作りのお菓子に使うのがおすすめ。チョコレートはもちろんのこと、ブラウニーなどの焼き菓子に加えても美味。ドライフルーツやナッツを使ったチョコレートバーの作り方はP.138を参照。また、コーヒーに入れて溶かせば、手軽なバターコーヒーとして楽しむことができる。

▲好みの材料を加えてオリジナルチョコレートに。

**❀ 保湿クリームとして**

乾燥が気になる部分に塗れば、豊富なオレイン酸が肌を保湿する。また、唇に使用すればほのかに甘いリップクリームにも。

**❀ ヘアトリートメントとして**

シャンプー後、少量のココアバターを手に取って濡れた髪に塗り、手でもみ込むようになじませれば、カラーやパーマ、紫外線などで傷んだ髪をしっとりまとまりのある髪に。

▲肌に直接塗り込むだけでOK。

# Coconut Oil

## ·19·

### ココナッツオイル

ダイエットに最適な甘い香りのオイル

▲液状のココナッツオイルとココナッツ。近年は固まらない液状の「リキッドココナッツオイル」もある。

ポリネシアから熱帯アジアが原産とされる、ヤシ科の高木ココヤシ。幹は建材、葉は屋根や敷物、カゴなどに使われるほか、果実のココナッツは食料や飲料、油脂、果実の殻は容器として使われるなど、利用価値の高い植物として知られ、現在は世界中の熱帯地域で栽培されている。

ココナッツオイルとは、このココヤシの果実から採れるオイルで、果実の種子にあたる核果の中の胚乳を低温で圧搾したものは「ヴァージンココナッツオイル」、乾燥させた胚乳を高温で圧搾し、脱臭・漂白処理したオイルは「RBD（精製）ココナッツオイル」と呼ばれる。20℃以下になると固まる性質があり、20〜25℃でクリーム状に、25℃以上で完全に液体化する。この性質から、ヴィーガン用バ

ターや石けんの原料としても利用される。

また、植物油としては珍しく飽和脂肪酸が多い。なかでも中鎖脂肪酸を多く含むことから、消化吸収と分解が早い特徴を持つ。特にラウリン酸は母乳にも含まれる成分で、ココナッツオイルを手術後の患者や未熟児のエネルギー補給として与えることもあるという。

---

### DATA

名称　ココナッツオイル、ヤシ油
使用部位　果肉／種子
抽出方法　低温圧搾法、溶剤抽出法
香り　ほのかなココナッツの香り
色　白（個体）、ほぼ無色（液体）
使用方法　美容、食用、薬用、工業用
効能（期待）　抗菌、基礎代謝向上、免疫力向上、抗酸化、保湿、皮膚軟化、脂肪燃焼、美肌、美髪、抗炎症など

ア
カ
サ
タ
ナ
ハ
マ
ヤ
ラ
ワ

## 特徴

甘いココナッツの香りを持ち、固形では白く、液状になると透明になる。最大の特徴は、成分の約半分が飽和脂肪酸のラウリン酸である点で、善玉コレステロールを増やす働きや酸化しにくく熱に強いという利点もある。体温で溶けるためマッサージにも利用しやすい。

▲ココナッツが実るココヤシ。

## 主成分

・ラウリン酸　・ミリスチン酸　・パルミチン酸
・オレイン酸　・ビタミンE

## 効能

### ❀ ダイエット効果
中鎖脂肪酸が体脂肪を分解することで、脂肪燃焼やダイエットにつながる。

### ❀ 抗菌効果
ラウリン酸の働きによる細菌やウイルスなどに対する抗菌効果が期待できる。

### ❀ 腸内環境調整
中鎖脂肪酸が腸のぜん動運動を促して老廃物を排出しやすくするほか、ラウリン酸が腸内環境を整えるとされる。

▶胚乳が分厚く成熟したココナッツ。

## 使用方法

### ❀ バターの代用品として
ココナッツオイルをバターの代わりにトーストに塗って食べると、ヘルシーなうえにほのかなココナッツの風味が加わってとても美味。その場合、少量の塩を加えるとよりバターに近い風味を味わうことができる。熱に強いため、バターの代わりにココナッツオイルでクッキーを作るのもおすすめ。

▲固形のココナッツオイルをトーストに塗って。

### ❀ 万能美容オイルとして
ココナッツオイルには、肌の水分量を改善して湿疹症状を軽減する働きや、ニキビの原因となるアクネ菌などの殺菌、ビタミンEの働きにより紫外線をブロックする効果、髪を美しく強くする効果など、さまざまな美容効果が期待できる。さらに、質感もサラリとして肌なじみが良いため、万能美容オイルとして使うことができる。非常に低刺激なオイルだが、食用ではなく専用のヴァージンココナッツオイルを使うのがおすすめ。

▲甘いココナッツの香りが広がるので、ココナッツ好きにはうれしい。

# Sesame Oil
## ゴマ油

### 抗酸化作用に期待される「若返りのオイル」

▲焙煎したゴマを使ったゴマ油。高温で時間をかけて煎れば煎るほど色が濃くなり、香りも強くなる。

ア カ サ タ ナ ハ マ ヤ ラ ワ

　アフリカが原産とされるゴマ（胡麻）は、紀元前3500年頃にはすでにインダス文明で油用植物として栽培されていた歴史を持つ。人類が油脂を採取するために使われた最初の植物のひとつであり、食用のほか燃料、防水、保存、薬用、洗浄など、さまざまな用途で利用されてきた。

　ゴマ油は、一般的に白ゴマの種子を焙煎・圧搾して得られるが、焙煎の強さによって種類が二つに分かれる。

　ひとつは焙煎を強くして圧搾・加工したもので、茶褐色をしており独特の香味を持つ。こちらは主に食用油として利用され、特に中華料理で使われるゴマ油は、200℃以上の高温で焙煎されたものを使用する。

　もうひとつは、焙煎していないゴマを圧搾・加工したもので、透明で無臭だがゴマ油特有の旨味もある。「太白油」や「生搾りゴマ油」などと呼ばれ、食用にも使用されるが、主にヘアケアやボディケア用品などの溶剤として利用される。

　このほかに、白ゴマよりも香味が強い黒ゴマから抽出したゴマ油もあり、こちらは「黒ゴマ油」や「黒絞り」と呼ばれる。

---

### DATA

名称　　ゴマ油、セサミオイル
使用部位　種子
抽出方法　低温圧搾法
香り　ほぼ無臭〜独特の香ばしい香り
色　無色〜茶褐色
使用方法　美容、食用、工業用、その他
効能（期待）　抗酸化、保湿、肝機能向上、皮膚トラブル改善、消炎、老化防止、生活習慣病予防、食欲増進、美髪、美肌など

## 特徴

焙煎タイプは茶色で香ばしい風味があり、無焙煎タイプは透明で無臭だが、特有の旨味がある。抗酸化成分のリグナン・セサミン・セサモリン・セサモール・セサモリノール・ビタミンEを多く含むのが共通の特徴で、細胞の老化を遅らせる効果が期待される。またこの高い抗酸化作用により、ほかのキャリアオイルに混ぜて酸化防止剤としても利用できる。

◀焙煎していないゴマを使ったタイプのゴマ油。透明で香りはない。

## 主成分

・オレイン酸　・リノール酸　・パルミチン酸
・ステアリン酸　・ビタミンK　・ビタミンE　・コリン

## 効能

### ❀ 肝機能向上

セサミンが肝臓の活性酸素を取り除き、肝機能向上や二日酔い防止につながる。

### ❀ 髪質改善

抗酸化作用により頭皮の老化を防ぎ、皮脂量を調整して健やかな髪質に。

### ❀ エイジングケア

セサミンが悪玉コレステロールの増加を抑えて血管の老化を防ぎ、生活習慣病予防など、エイジングケアのサポートに役立つ。

▲黒ゴマを使ったゴマ油。

## 使用方法

### ❀ マッサージオイルとして

インドの伝統医学アーユルヴェーダでも使用されるなど、ゴマ油はマッサージに最適。無焙煎タイプのゴマ油を適量手に取り、顔や身体をマッサージすると、肌の保湿や再生効果のほか、紫外線から守る効果が期待できる。頭皮のマッサージに使えば、白髪や抜け毛予防に。

▲マッサージに使う際は、香りのない無焙煎タイプがよい。

▲鶏肉のお粥に焙煎タイプのゴマ油を回しかけて。

### ❀ 料理の風味付けに

食材そのものの風味を生かしたい場合は、無焙煎タイプのゴマ油を使い、ゴマ油の香味を生かしたい場合には、焙煎タイプのゴマ油を使うなど、目的に応じて使い分けるのがおすすめ。炒め物に使用する際は、食材を炒め終わった後に仕上げとして数滴垂らすことで、ゴマ油特有の香味が失われず、料理を引き立てることができる。また、生野菜や刺身、冷奴など生の食材にもよく合い、ゴマ油のコクや旨味がより引き立つ。

# Rice Bran Oil
## コメ油（ライスブランオイル）

### 揚げ物にも最適な国産オイル

 ▲コメ油（ライスブランオイル）とコメ、米ぬか。日本では、江戸時代からコメ油が作られている。

ア
カ
サ
タ
ナ
ハ
マ
ヤ
ラ
ワ

コメ油とは、その名の通りコメ（米）から採れるオイルのことで、玄米から白米への精製過程で得られる副産物の外皮部分、「米ぬか」から抽出されるため、別名「米ぬか油」とも呼ばれる。米ぬかに含まれる10〜20％の油分を、圧搾法または溶剤抽出法によって抽出しており、米が主食の日本において、原料をほぼ国産でまかなえる唯一の植物油となっている。

なお、抽出方法によって、圧搾法で抽出されたコメ油は安全かつ栄養素が豊富で高価なのに対し、溶剤抽出法で抽出されたコメ油は素早く大量に作れて安価だが栄養素は少なくなるという違いがある。

大きな特徴としては、コメ油に含まれる脂肪酸のなかでオレイン酸の比率が高く、抗酸化作用を有する成分を多く含む

ことから、加熱しても酸化しにくいという点が挙げられる。

こうした理由から、コメ油は日本で製造されるポテトチップスのほぼ全量に使用されるなど、製菓用油として広く使われている。また、高い抗酸化作用が期待できることから、近年は健康・美容面でも注目されている。

---

### DATA

名称　コメ油、米ぬか油、ライスブランオイル、ライスオイル
使用部位　胚芽、米の外皮部分
抽出方法　圧搾法、溶剤抽出法など
香り　ほぼ無臭
色　薄い黄色
使用方法　美容、食用、薬用
効能（期待）　抗酸化、コレステロール値低下、更年期障害緩和、自律神経失調症緩和、抗炎症、保湿、美肌など

## 特徴

オレイン酸やα-トコフェロール、γ-オリザノール、フェルラ酸、トコトリエノールなどの抗酸化作用を有する成分を多く含み、加熱しても酸化しにくく、長持ちするという特徴がある。また無味無臭でどんな食材にも合い、油酔いしにくく油切れが良いため、料理にも最適。

▲収穫が近づいた稲。

## 主成分

・オレイン酸　・リノール酸　・パルミチン酸
・ビタミンE　・ビタミンK

## 効能

### ❀ ホルモンバランス調整

γ-オリザノールが神経系に作用し、ホルモンバランスを整える効果が期待できる。

### ❀ アレルギー症状改善

γ-オリザノールが、アレルギーによるかゆみや炎症の緩和に役立つ。

### ❀ 美肌・エイジングケア

ビタミンEの40～60倍の抗酸化作用があるとされるトコトリエノールの働きにより、肌の酸化が抑制され、シミ、シワ、くすみ、毛穴などの改善が期待できる。

▲さまざまな用途
がある米ぬか。

## 使用方法

### ❀ 美容オイルとして

抗酸化作用に期待できるコメ油は、美容オイルとしても優秀。乾燥しやすい洗顔後の肌に、コメ油を適量手に取って塗り、化粧水などのデイリーケアをすることで、バリア機能の高い保湿力抜群の肌へと導く。また、髪に使えばパサついた髪もしっとりまとまる。

▲健康のためにサプリメントとして飲んでもよい。

▲さまざまな種類の商品がある（Koy_Hipster / Shutterstock. com）。

### ❀ 揚げ物に

基本的にはどんな料理にも使用できるが、コメ油は油切れがとても良いので、揚げ物に使うとカラッと揚げることができる。さらに、脂肪酸のバランスが良く泡立ちが少ないため、食感もサクサクに。このほかにも、揚げ物をする際に気分が悪くなる「油酔い」や、揚げ物をした後に鍋にこびり付くカスが少ないなど、さまざまな利点がある。揚げ油を再利用する際は冷暗所に保存し、2～3回を目安にしよう。

# Corn Oil

## コーン油

トウモロコシの胚芽から採れる身近なオイル

▲コーン油とトウモロコシ。日本は世界第3位のコーン油生産国で、年間消費量はアメリカに次いで第2位。

ア　カ　サ　タ　ナ　ハ　マ　ヤ　ラ　ワ

　熱帯アメリカを原産とし、コムギ（小麦）、コメ（米）と並び世界三大穀物に数えられるトウモロコシ。紀元前5000年頃までには大規模栽培が始まっていたとされ、コロンブスによってヨーロッパに伝えられたのち、世界各地に広がっていった。コーン油とは、このトウモロコシからコーンスターチを製造する際に得られる副産物であり、粒から分離した油を多く含む胚芽部分が原料となっている。

　抽出にはさまざまな方法があるが、主に圧搾と抽出を組み合わせて行う「圧抽法」が用いられる。機械を使い胚芽に圧力をかけて油を搾り出したのち、溶剤を加えて残った油を抽出する。さらに遠心分離機で不純物を取り除いてから脱色・脱臭などの加工処理が施される。

　貯蔵安定性に優れていることなどから、家庭用サラダ油や加工油脂、マーガリン、スナック菓子など加工食品の製造と、主に食用として世界中で利用されているほか、良質なコーン油は直接肌に使用することもできるため、医薬品関連ではクリーム・軟膏の基剤や注射の溶剤としても用いられている。

---

### DATA

名称　コーン油、トウモロコシ油、トウモロコシ胚芽油
使用部位　胚芽
抽出方法　圧抽法、低温圧搾法など
香り　ほぼ無臭
色　薄い黄色
使用方法　食用、薬用、美容
効能（期待）　コレステロール値低下、皮膚疾患緩和、神経系調整、抗炎症、抗酸化、老化防止、骨粗しょう症予防など

---

## 特徴

▲どこまでも続くアルゼンチンのコーン畑。

トウモロコシ由来のほのかな香ばしい風味が、料理に最適なコーン油。栄養面においても、必須脂肪酸のリノール酸含有率が50％と高いほか、ビタミンEも豊富に含まれていることから酸化に強く、健康や美容面でも効果が期待されている。

一方で、リノール酸には過剰に摂取するとアレルギー症状を悪化させるといった副作用もあるため、摂取量に注意する必要があるほか、原料に遺伝子組み換えされたトウモロコシが使われている場合、高温加熱や薬剤を使って採油されている場合も健康に影響を及ぼす可能性がある。こうした理由から、コーン油を選ぶ際は、遺伝子組み換えではないトウモロコシを使った低温圧搾法で採油されたものなど、なるべく品質の良いものを選ぶとよいだろう。

## 主成分

・リノール酸　・オレイン酸　・パルミチン酸
・ビタミンE　・ビタミンK

## 効能

### ❀ コレステロール値低下

リノール酸が血中コレステロール値を下げ、動脈硬化などを予防する効果が期待される。

▲マレーシアのスーパーマーケットに並ぶコーン油
(naimtastik / Shutterstock.com)。

### ❀ 骨粗しょう症予防

ビタミンKが骨の形成をサポートすることで、骨粗しょう症の予防が期待できる。

### ❀ 抗酸化作用

豊富に含まれるビタミンEの抗酸化作用により、老化防止や生活習慣病予防に効果が期待される。

## 使用方法

### ❀ 家庭料理全般に

トウモロコシのほのかな香ばしい風味を生かして、そのままドレッシングやマヨネーズの材料として使うのがおすすめ。また、加熱しても酸化しにくく、衣がカラッと仕上がるため、揚げ物や天ぷらにも適している。ただし、料理に使う際は低温圧搾法の製品を選ぶと、より安心して利用できる。

◀サーモン、キヌア、スプラウト、クレソン、コーンのメイソンジャーサラダに、コーン油とライム果汁をかけてヘルシーに。

アカサタナハマヤラワ

57

※過剰に摂取しないこと。

# Safflower Oil

## サフラワーオイル（ベニバナ油）

オレイン酸が豊富な「ハイオレイックタイプ」が主流

▲サフラワーオイルとベニバナ。乾燥させた花びらは血行促進作用のある生薬としても利用される。

ア
カ
サ
タ
ナ
ハ
マ
ヤ
ラ
ワ

エチオピアが原産とされるキク科の植物、ベニバナ（サフラワー）。鮮やかなオレンジ色の花が特徴で、古代エジプトをはじめ、古くから染色用や薬用に利用されてきた。

サフラワーオイルはこのベニバナの種子から採れるオイルで、日本では「ベニバナ（紅花）油」とも呼ばれる。主に食用油として用いられ、採油方法としては、薬剤を使用する溶剤抽出法と圧搾法がある。

現在、サフラワーオイルには大きく分けて2種類がある。脂肪酸成分のうち、リノール酸が80%のハイリノールタイプと、70〜80%がオレイン酸のハイオレイックタイプで、かつては前者が主流だったが、リノール酸の過剰摂取による弊害が危険視されるようになると、品種改良によっ

て生まれたハイオレイックタイプの需要が増え、最近ではこちらが主流になりつつある。

なお、サフラワーオイルは空気中で徐々に酸化して固まる乾性油でもあることから、食用以外に油絵の溶き油としても用いられており、こちらは固まりやすいハイリノールタイプが使われる。

---

### DATA

名称　サフラワーオイル、ベニバナ油
使用部位　種子
抽出方法　低温圧搾法、圧搾法、溶剤抽出法
香り　ほぼ無臭
色　黄色〜オレンジ色
使用方法　食用、工業用、美容
効能（期待）　コレステロール値低下、動脈硬化予防、腸内環境改善、抗酸化、便秘改善、美肌など

## 特徴

▲黄色〜オレンジ色に色付くベニバナの花。

両タイプともほぼ無臭でクセがなく、黄色〜オレンジ色をしている。ハイリノールタイプの特徴は、必須脂肪酸のひとつであるリノール酸が豊富な点。リノール酸は適量であれば血中コレステロール値を下げるなど良い効果が期待できるが、過剰に摂取するとアレルギー症状を引き起こすといった弊害もあるため、摂取量には注意が必要となる。また、酸化しやすく、加熱に弱いという性質もある。一方、ハイオレイックタイプの特徴はオレイン酸が豊富でビタミンEを多く含むことから酸化に強く、加熱調理にも使えて健康効果もより高い期待ができる。こうした理由から、食用油として利用する際はハイオレイックタイプを選ぶのがおすすめ。特に低温圧搾法で抽出された製品であれば、さらに安心して使用できる。

## 主成分

・リノール酸　・オレイン酸　・パルミチン酸
・ビタミンE　・ビタミンK

▲サフラワーオイルとベニバナの花、花びら、オイルの原料となる種子。

## 効能

### ❀ コレステロール値低下

オレイン酸やリノール酸が血中コレステロール値を下げ、代謝を正常にする効果が期待できる。

### ❀ エイジングケア

オレイン酸の抗酸化作用による肌の老化防止や、ビタミンEによる栄養補給ができる。

### ❀ 胃もたれ・胸やけ予防

オレイン酸が胃に長く残って胃酸の過剰な分泌を防ぐことで、胃もたれや胸やけの予防につながる。

## 使用方法

▲ハイオレイックタイプはサラリとした質感で肌なじみもよい。

### ❀ 家庭料理全般に

ハイオレイックタイプのオイルは、さっぱりとしたクセのない風味が特徴なので、素材の味を生かせるドレッシングやマリネなど、生食に使うのがおすすめ。熱にも強く、炒め物や揚げ物など幅広く使えて便利。

### ❀ ボディオイルとして

ハイオレイックタイプは、ボディオイルとしてもおすすめ。入浴後、乾燥が気になる部分に直接塗ることで、オレイン酸やビタミンEが肌を保湿し乾燥を防ぐ効果が期待できる。

# Sunflower Oil
## サンフラワーオイル（ひまわり油）

### 無味無臭でクセのない、用途豊富なオイル

▲サンフラワーオイルと、原料となるヒマワリの種子と花。

ア
カ
サ
タ
ナ
ハ
マ
ヤ
ラ
ワ

　北アメリカ大陸西部が原産とされるヒマワリ。栄養価の高い種子は、紀元前からネイティブ・アメリカンの重要な食物として用いられていた。

　このヒマワリの種子から採れるサンフラワーオイル（ひまわり油）は、不飽和脂肪酸を多く含むのが特徴。これまではリノール酸が70〜80％を占めるハイリノールタイプが主流だったが、リノール酸の過剰摂取による弊害が危険視されるようになると、サフラワーオイル（ベニバナ油、P.58）と同様、品種改良によって生まれたオレイン酸が40〜60％を占めるミッドオレイックタイプや、オレイン酸が80％を占めるハイオレイックタイプが主流となりつつある。

　なお、採油方法にはいくつかあり、伝統的な圧搾法以外に、大量生産が可能な有機溶媒を用いて油分を分離させる溶剤抽出法などが用いられている。

　現在は主に食用として利用されており、マヨネーズやドレッシング、マーガリンの原料として用いられるほか、美容面やバイオディーゼル用燃料としても研究が進められている。

---

**DATA**

名称　サンフラワーオイル、ひまわり油

使用部位　種子

抽出方法　低温圧搾法、圧搾法、溶剤抽出法

香り　ほぼ無臭

色　淡い黄色

使用方法　食用、工業用、美容

効能（期待）　皮膚軟化、抗酸化、抗炎症、保湿、コレステロール値低下、動脈硬化予防、便秘改善、美髪、美肌、老化防止など

## 特徴

ビタミンEやミネラルなどの栄養素が豊富なほか、無味無臭なので使い勝手が良い。ただし、ハイリノールタイプは過剰摂取するとアレルギー症状などを引き起こすこともあるため、加熱や酸化に強いハイオレイックタイプや、低温圧搾法で抽出された良質なオイルを選ぶことで、より安心して使用することができる。

▲ロシアの農業フェアで、ヒマワリの種子から伝統的な低温圧搾法で搾油する様子（sergey lavrishchev / Shutterstock.com）。

## 主成分

・オレイン酸　・リノール酸　・ステアリン酸
・パルミチン酸　・ビタミンE　・ビタミンK　・コリン

## 効能

### ❋ 美肌効果

ビタミンEが皮膚を柔らかくして保湿するほか、肌のキメを整える。

### ❋ 美髪効果

ダメージが大きい髪の毛を保湿し、枝毛や切れ毛を防ぐ。

### ❋ 動脈硬化予防

オレイン酸が血液をサラサラにして、生活習慣病や動脈硬化を予防・改善するのに効果が期待される。

▲栄養豊富なヒマワリの種子。煎ってそのまま食べることも。

## 使用方法

### ❋ 家庭料理全般に

無味無臭でクセがないため、基本的にどんな料理にも合うサンフラワーオイル。特にハイオレイックタイプのオイルは酸化安定性に優れており、炒め物や揚げ物など加熱調理にも最適。ドレッシングやパンに付けるなど、生のまま食べても◎。日常的に摂取することで、便秘改善や美肌にも役立つ。

▲高品質のサンフラワーオイルはサラダにかけて生食にも。

### ❋ ヘアオイルとして

髪にツヤを与え健やかに保つ効果があるので、ヘアオイルとして使うのもおすすめ。

### ❋ 手作り石けんに

石けんの材料にする場合は、酸化しにくいハイオレイックタイプを使うとよい。強い抗酸化作用を持つビタミンEがたっぷり含まれているので、エイジングケアにも最適だ。

▲サンフラワーオイルを使った石けんや美容製品も豊富。

# 25

# Shea Butter

## シアバター

### 保湿力＆浸透力に優れた貴重なオイル

▲シアバターとシアナッツ。今もほぼ手作業で作られるため、貴重で高価なオイルのひとつ。

ガーナやナイジェリアなどの西アフリカ諸国を中心に分布するアカテツ科の常緑樹、シアーバターノキ。その寿命は200年にもなるが、花を咲かせるまで約20年、さらに果実を付けるまで約20年を要し、その果実も3年に一度しか実らない。

現地では神聖な存在として大切にされており、木への接触から果実の収穫、シアバターの製造や販売まで、全作業は女性だけに許されたものだという。このため、シアバターの製造は今なお現地の女性によってほぼ手作業で行われている。

まず、種子から仁（胚）を取り出し木槌で粉砕し、焙煎して粗い粉状になった仁をすり潰す。ペースト状になったら水を加えて練る。脂肪分が乳化して白くなったところで冷水を加えると、脂肪分が完全に分離する。そこから不純物を取り除くなどの作業を経て、ようやく完成する。

現地では古くから食用や燃料、傷ややけどの治療などに利用されてきた。また、ガーナでは紫外線から守る目的で新生児にシアバターを塗る習慣もあるという。近年はその高い保湿力が世界で注目され、化粧品などに使用されている。

---

### DATA

名称　シアバター、シアナッツバター、シア脂
使用部位　種子（仁）
抽出方法　圧搾法
香り　ナッツのような香り（未精製）、無臭（精製）
色　クリーム色（未精製）、白色（精製）
使用方法　美容、食用、薬用、工業用
効能（期待）　保湿、抗酸化、抗炎症、老化防止、皮膚軟化、美肌など

| 特徴 |
|---|

オレイン酸、ステアリン酸が主成分で、天然のビタミンEであるトコフェロールなど栄養も豊富なことから、保湿効果や肌の保護・再生効果が期待できる。酸化にも非常に強く、常温で固体、肌に塗ると体温で溶けて浸透するため、使い勝手が良い。なお、クリーム色でナッツのような甘い香りが特徴の未精製タイプと、白色で無臭の精製タイプがある。

| 主成分 |
|---|

・オレイン酸　・ステアリン酸　・ビタミンE

▲シアバターノキ。樹齢200年に達する木も。

| 効能 |
|---|

### ❀ 保湿効果

オレイン酸の保湿効果により、水分を肌に閉じ込めて乾燥から保護する。

### ❀ 日焼け予防

日焼けを予防するほか、日焼けによる炎症を抑えるとされる。

### ❀ エイジングケア

抗酸化作用を持つステアリン酸や天然のビタミンEを多く含むことから、老化防止に効果が期待できる。

▶シアナッツ（種子）。鶏卵ほどの大きさで、非常に硬い。

| 使用方法 |    |
|---|---|

### ❀ ヘアパック＆ヘアワックスとして

シャンプー前の髪にシアバターを塗ってパックをすれば、乾燥などによりダメージを受けた髪を保湿・補修する。また、シャンプー後の髪にシアバターを少量塗ってからドライヤーを使うと、熱によるダメージから髪を守る効果もある。このほか、シアバターをヘアワックスとして使っても、髪にツヤが出てまとまりやすくなる。

▲シアバターを作る女性（Cora Unk Photo / Shutterstock.com）。

▲シアバターとシアバターを使ったクリームと石けん。

### ❀ 保湿クリームとして

保湿クリームとして全身に使うことが可能。皮脂の成分であるオレイン酸が豊富で肌なじみもよく、乾燥肌の人には特におすすめ。

### ❀ リップケアに

自然由来のシアバターは口に入っても安全なのでリップケアに最適。特に乾燥が気になる場合はシアバターを厚めに塗り、上からラップをして数分置くとしっとりとした唇に。

ア
カ
サ
タ
ナ
ハ
マ
ヤ
ラ
ワ

# Sea-buckthorn Oil

# 26

## シーバックソーンオイル（サジー油）

あらゆる美容効果が期待できる万能美容オイル

▲シーバックソーンオイル（コンプリート油）とオレンジ色に熟した果実。

アカサタナハマヤラワ

シーバックソーンは、ヨーロッパからユーラシア大陸まで広い範囲に分布するグミ科の落葉低木。このため、中国語名の「サジー（沙棘）」や英語名の「シーベリー」、学名の「ヒッポファエ」など、さまざまな呼び名がある。

厳しい環境でも育つため、中国では砂漠の緑化にも利用されるほか、フィンランドなどではオレンジ色の小さな果実をジャムや果実酒などに加工して食用にする。また、果実はビタミンやミネラルなど豊富な栄養素を含むことから、近年はスーパーフードとしても注目されている。

この果実は植物油脂としては珍しく5〜8.5％の油分を含むほか、種子も12〜16％の油分を含む。この両者から採れるオイルを「シーバックソーンオイル」と呼ぶ

が、両者の間では成分が大きく異なることから、抽出部分によって果実、種子、両方を混ぜたコンプリートの3種類のオイルがある。大きな特徴として、「天然の保湿クリーム」とも呼ばれるオメガ7系の不飽和脂肪酸、パルミトレイン酸が豊富に含まれており、高い美容効果があるとされることから化粧品にも利用されている。

---

**DATA**

名称　シーバックソーンオイル、サジーオイル、ヒッポファエオイル

使用部位　果実、種子

抽出方法　低温圧搾法など

香り　柑橘系のフルーティーな香り

色　薄いオレンジ色〜オレンジ色

使用方法　美容、薬用

効能（期待）　抗炎症、抗菌、抗酸化、解熱、血圧降下、コレステロール値低下、皮膚再生など

## 特徴

強いオレンジ色でフルーティーな柑橘系の香りが特徴。植物油では希少なパルミトレイン酸を多く含み、トコフェロールやカロテノイド、ビタミンといった栄養素も豊富なことから、美肌、エイジングケア、肌トラブルの改善など、特に美容面で高い効果が期待されている。

## 主成分

・パルミトレイン酸　・パルミチン酸
・オレイン酸　・リノール酸　・α-リノレン酸
・ビタミンE　・ビタミンA　・カロテノイド

▲乾燥地帯でも育つシーバックソーンの木。

## 効能

▶「シーベリー」とも呼ばれるシーバックソーンの果実。

### ❀ 美肌効果【果実油】

果実油には特にカロテノイドやトコフェロールが多く含まれ、肌の補修・保護に効果が期待できる。

### ❀ 抗菌・皮膚再生効果【種子油】

種子油は不飽和脂肪酸を多く含むため酸化が早いが、抗菌・皮膚再生効果に期待できる。

### ❀ 肌バリア効果【コンプリート油】

果実油と種子油の特徴を併せ持つコンプリート油は、特に紫外線など外部の刺激から皮膚を保護する作用に期待できる。

## 使用方法

### ❀ 万能美容オイルとして

特に美容面においてあらゆる効果が期待できるシーバックソーンオイル。エイジングケアにおいては、肌の老化を遅らせシミやシワなどを改善し

皮膚を再生する働きのほか、肌トラブルにおいてはニキビや湿疹、吹き出物などの改善に役立つ。また、乾燥肌や敏感肌の場合、肌を保湿してなめらかにするほか、紫外線から守る効果もある。そのため、1本でさまざまな役割を果たす万能美容オイルとして常備しておくと便利。

【左】シーバックソーンオイル(種子油)。果実油やコンプリート油に比べて色が薄い。【右】シーバックソーンオイルを使った石けん。低刺激で抗菌作用があり、アクネ菌や顔ダニの繁殖を抑える効果も期待できる。

# St. John's Wort Oil
## セントジョーンズワートオイル

### 抗うつ作用が期待できる赤いオイル

▲セントジョーンズワートオイルと、セントジョーンズワートの花。赤い色はヒペリシンによるもの。

ア
カ
サ
タ
ナ
ハ
マ
ヤ
ラ
ワ

　ヨーロッパ原産のセントジョーンズワート（西洋オトギリソウ）は、ヨーロッパでは草原や空き地などいたる所に自生する多年草植物。名前は聖ヨハネの日である6月24日頃に花が収穫されていたことに由来し、痛み止めや傷、やけどなどに効く薬草として古代ギリシャの時代から利用されてきたほか、中世ヨーロッパでは魔除けのお守りとしても用いられた。

　葉や花には黒い油点（油脂の分泌腺）があり、ここから水蒸気蒸留でエッセンシャルオイル（精油）が抽出されるが、採油率が低く高価なことから流通量は少ない。

　現在、セントジョーンズワートオイルとして広く流通しているのは、花とつぼみをオリーブオイルなどの植物油に漬け込んで日光に照らした後、ろ過して作ら

れる浸出油（インフューズドオイル）で、美容や薬用に利用されている。

　特に、セントジョーンズワートに含まれるヒペリシンやヒペルフォリンという成分がセロトニン分泌量の正常化に有効とされ、ドイツなどでは軽度のうつ病患者に処方されるなど、近年は抗うつ剤としての効果が注目されている。

---

### DATA

名称　セントジョーンズワートオイル、ハイペリカムオイル、オトギリソウオイル
使用部位　花、葉
抽出方法　浸出法
香り　ハーブ系のやや強い香り
色　琥珀色～淡い赤色
使用方法　美容、薬用
効能（期待）　皮膚軟化、抗菌、殺菌、消炎、抗うつ、鎮静、鎮痛、利尿、抗炎症、ホルモンバランス調整など

---

## 特徴

花に含まれる成分ヒペリシンの影響により、浸出油は琥珀色～赤色をしており、ハーブ系の深く落ち着いた香りが特徴。特にヒペルフォリンとヒペリシンは抗うつ作用が期待されている。刺激は少なくあらゆる肌質に使用できるが、特に脂性肌や敏感肌の改善に効果的。

## 主成分

※脂肪酸はベースオイルによる。

・フラボノイド　・フェノール酸
・ヒペリシン　　・ヒペルフォリン

## 効能

▲黄色い可憐な花を咲かせる。

### ❋ PMS（月経前症候群）・更年期障害緩和

β-カリオフィレンが女性ホルモンの変動による不安症状を緩和し、PMS（月経前症候群）の症状緩和に役立つほか、ゲルマクレンDの通経作用により、更年期障害の緩和に効果が期待できる。

### ❋ 抗うつ作用

ヒペリシンやヒペルフォリンにより、不安やストレスなどを改善・鎮静する効果が期待できる。

## 使用方法

### ❋ マッサージオイルとして

セントジョーンズワートに含まれるヒペリシンには鎮痛作用もあるため、マッサージオイルとして使用すれば、肩こりや腰痛、関節痛や生理痛などの症状を緩和する効果が期待できる。単独で使用しても問題ないが、マッサージオイル全体の5～20％程度になるよう、ほかのキャリアオイル（ベースオイル）に混ぜて使うのがおすすめだ。

セントジョーンズワートオイルを手作りする様子。セントジョーンズワートのつぼみと花びらをオリーブオイルに浸し、時々かき混ぜながら日の当たる場所に約4週間置き、赤く色付いたらろ過して完成。

※妊娠中・授乳中の使用は避ける。　※光毒性を起こす可能性があるため、肌に直接使用した後は紫外線を避ける。
※持病のある方や医薬品を服用中の方は使用を避けるか、かかりつけの医師に相談する。

# Soybean Oil
## 大豆油

世界第2位の生産量を誇る庶民派オイル

▲乾燥した大豆の種子と大豆油。大豆需要の87%が大豆油で、主要生産国は中国、アメリカ、ブラジルなど。

ア
カ
サ
タ
ナ
ハ
マ
ヤ
ラ
ワ

和食に欠かせない存在である大豆（ダイズ）。原産地とされる中国では5000年前から栽培されていたほか、日本でも縄文時代にはすでに存在したと考えられている。ヨーロッパでは19世紀後半までほぼ使われなかったが、植物のなかで唯一肉に匹敵するタンパク質を含むことから、近年の健康志向ブームに伴いミラクルフードとして世界で注目されている。

大豆油とは、大豆の完熟種子から採れるオイルで、世界で生産される植物油ではパームオイル（P.80）の次に多い。安価でクセも少ないことから、サラダ油やマヨネーズ、マーガリンの原料など、主に食用として用いられるほか、化粧品やインク、燃料などにも利用される。

採油には古くから低温圧搾法が用いられてきたが、種子の含油量が17～20%と低く採油率が悪いという難点があった。このため、近年では高温圧搾法と溶剤抽出法が主流となっているが、この方法では健康被害が懸念されるトランス脂肪酸を生成してしまうことから、より安心して使用したい場合は、低温圧搾法で抽出された高品質のものを選ぶとよい。

---

### DATA

名称　大豆油、ソヤオイル、ソイビーンオイル
使用部位　種子
抽出方法　低温圧搾法、高温圧搾法、溶剤抽出法
香り　ほぼ無臭
色　淡い黄色
使用方法　食用、美容、工業用など
効能（期待）皮膚軟化、保湿、抗炎症、老化防止、コレステロール値低下、抗酸化、動脈硬化予防など

## 特徴

コレステロールを含まず、レシチン（卵黄などにも含まれるリン脂質の一種）が豊富で、飽和型脂肪酸の含有率が低いという特徴から、コレステロール値の低下や動脈硬化の防止に効果的とされる。また、ほぼ無臭で無色なことから、どんな食材にも合う使い勝手の良いオイルである。ただし原料に遺伝子組み換え大豆を使用したものもあるため、注意しよう。

## 主成分

・リノール酸　・オレイン酸　・パルミチン酸
・リノレン酸　・レシチン　・ビタミンE　・ビタミンK

▲収穫前の大豆畑（アルゼンチン）。

## 効能

### ❈ 美肌効果

角質層に浸透し皮膚を柔らかくするほか、高い保湿効果が期待できる。

### ❈ エイジングケア

リノール酸が肌の再生を促すほか、細胞膜を作るレシチンが肌のハリを良くしてシミ・シワを目立たなくする。

### ❈ 生活習慣病予防

オレイン酸が悪玉コレステロールを減らし、生活習慣病の予防につながる。

▶未成熟の種子である枝豆と完熟種子の大豆。

## 使用方法

### ❈ 豆類のドレッシングに

大豆油には独特の旨味とコクがあり、どんな料理にもよく合い素材の味を引き立てる。ただし長時間の加熱には弱いため、揚げ物や炒め物に使うよりも、ドレッシングなどの生食に使うのがおすすめ。特に豆類との相性は抜群で、豆苗やモヤシ、枝豆などにあえてしょうゆをかけるだけでもおいしくいただける。ただし、大豆油はほかの植物油に比べて劣化が早いため、なるべく新しいものを使い、早く消費すること。

【左】ゆでたインゲン豆に、ニンニク、バジル、松の実、大豆油のペーストをあえてジェノベーゼ風に。【右】タイのスーパーマーケットに並ぶ大豆油（Hoowy / Shutterstock.com）。

69

※　大豆アレルギーの方は使用に注意する。

# Chia Seed Oil
## チアシードオイル

### スーパーフードから採れる栄養満点のオイル

▲チアシードオイルとチアシード。チアシードはほぼ無味無臭だが、オイルにはハーブのような独特の香りがある。

中央アメリカ原産のシソ科の植物、チア。種子は「チアシード」と呼ばれ、黒い種子の「ブラックチアシード」と白い種子の「ホワイトチアシード（サルバチア）」の2種類がある。高い栄養価を誇り、原産地では古くから栄養源として食されてきた。

チアシードは直径1mm程度のゴマのような形状だが、水に浸すと大きく膨らんでタピオカのような無色透明なジェル状の塊になるという特徴がある（ブラックチアシードは10倍、ホワイトチアシードは14倍に膨らむ）。

ジェル状の部分には食物繊維が含まれており、ほぼ無味無臭で料理にも加えやすく、さらに噛むことで満腹感も得られる。こうした理由から近年はスーパーフードのひとつとして注目され、特にダイエット食品として人気が高い。

このチアシードから採れるのがチアシードオイルで、熱を加えず圧力を掛けて搾る低温圧搾法で抽出されることもあり、不飽和脂肪酸の$\alpha$-リノレン酸を筆頭に、アミノ酸、ビタミン、ミネラルなどの豊富な栄養素を含むオイルとして、美容や食用に利用されている。

### DATA

名称　チアシードオイル、チアオイル
使用部位　種子
抽出方法　低温圧搾法
香り　ハーブのような独特な香り
色　黄色
使用方法　美容、食用
効能（期待）　抗炎症、保湿、老化防止、美肌、コレステロール値低下、抗アレルギー、ダイエット、動脈硬化予防、血行促進など

## 特徴

最大の特徴は、不飽和脂肪酸のα-リノレン酸を約60%含む点で、アミノ酸やビタミンEなど栄養も豊富。ただし不飽和脂肪酸が約90%を占め、非常に酸化しやすいので冷蔵庫保存が基本。ハーブのようなワイルドな香りとやや独特な風味を持つが、サラリとした触感。

## 主成分

・α-リノレン酸　・リノール酸　・オレイン酸
・パルミチン酸　・ビタミンE

▲チアの花。紫色または白色の花を咲かせる。

## 効能

▶ブラックチアシードとホワイトチアシード。

### ❀ エイジングケア

α-リノレン酸が肌の代謝を促し、コラーゲンやヒアルロン酸の生成を助ける。

### ❀ ダイエット効果

オメガ3脂肪酸がコレステロールや中性脂肪を減らし、代謝を上げるとされる。

### ❀ 抗炎症・抗アレルギー作用

α-リノレン酸やポリフェノールの一種であるロズマリン酸が、炎症によって起こる体の不調を改善し、肌荒れ、アトピー、アレルギー症状の緩和に役立つ。

## 使用方法

### ❀ マッサージオイルとして

ベタつかずサラサラとした使い心地で肌にも浸透しやすいため、マッサージオイルとして使うのもおすすめ。全身に使用できるが、独特な香りが気になる場合は、ほかのオイルやクリームなどに混ぜると使いやすくなる。また、非常に酸化しやすいため、開封後は1カ月を目安に使い切ること。

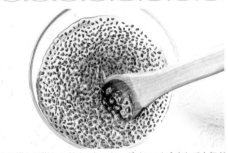
▲水に浸して膨らんだチアシード。ダイエット食として人気だ。

▲チアシードオイルのサプリメント。

### ❀ 「飲むオイル」として

チアシードオイルはα-リノレン酸を多く含むため、生の状態で摂取するのがベスト。小さじ半分の量を直接飲むことで、1日に必要なオメガ3脂肪酸を摂取することができる。ヨーグルトやデザートにかけるのはもちろん、独特な香りが気になる場合は、スープやみそ汁、サラダのドレッシングに混ぜればOK。また、抗酸化作用のあるビタミンEが含まれているので、少しの時間なら加熱することも可能だ。

# Camellia Oil

## 椿油

### ヘアケアに最適な日本の伝統オイル

▲椿油とヤブツバキの花。太平洋戦争時にゼロ戦の燃料として使われたことも。

アカサタナハマヤラワ

日本を原産とするツバキ科の常緑樹、ヤブツバキ。『万葉集』にも登場するなど、その赤い花は古くから日本人に愛され、観賞用としてはもちろん、植栽、木材、木灰、木炭、薬用など、さまざまな用途で利用されてきた。

椿油とは、このヤブツバキの種子から採れる油で、こちらも奈良時代にはすでに使用されており、高級食用油や灯りなどの燃料油として使われた。特に江戸時代、女性の黒髪を艶やかにするための頭髪油として人気を博して以来、今なお頭髪用の美容オイルとして高い人気を誇っている。このほか、薬用や塗料などの樹脂原料、日本刀の磨き油、木製品の磨き・ツヤ出し油など、現代でも非常に幅広い分野で利用されている。

搾油方法は、加圧によって種子から液状の油分を分離する低温圧搾法のほか、効率よく大量に搾油できる溶剤抽出法が用いられる。

なお、椿油と混同されがちな「カメリアオイル」だが、こちらはユチャ（油茶）をはじめとするツバキ科ツバキ属の植物から採れたオイルの総称である。

---

**DATA**

名称　ツバキオイル、椿油、カメリアオイル
使用部位　種子
抽出方法　低温圧搾法、溶剤抽出法
香り　ほぼ無臭
色　薄い黄色
使用方法　食用、美容、薬用、工業用など
効能（期待）　皮膚軟化、抗炎症、抗酸化、保湿、殺菌、美髪、紫外線予防、コレステロール値低下など

---

## 特徴

ほぼ無臭でやや粘性がある。最大の特徴は、成分の85％以上がオレイン酸という点で、皮脂の成分に近いことから、特に美容に良い効果が期待される。また、オレイン酸は酸化しにくいため、ほかのオイルに比べて長持ちするという利点もある。このほか、オリーブオイルなどと同様に、空気中で固まりにくい性質を持つ不乾性油でもある。

## 主成分

・オレイン酸　・パルミチン酸　・リノール酸
・ステアリン酸　・ビタミンE

▲冬から春にかけて赤い花を咲かせる。

## 効能

### ❋ 保湿効果

オレイン酸が皮膚を保湿して栄養を閉じ込め、皮脂が蒸発しにくくなる。

### ❋ 美髪効果

オレイン酸が髪にハリとコシを与え、紫外線のダメージから髪を守る。

### ❋ 皮膚軟化効果

オレイン酸は皮膚から吸収されやすく、角質を取り除いて肌のターンオーバーを正常にすることで、皮膚が柔らかくなるエモリエント効果が期待できる。

▲熟したツバキの果実と種子。

## 使用方法

### ❋ 頭皮マッサージに

椿油を頭皮マッサージに使うと、毛穴の汚れを落として頭皮を健康にし、丈夫な髪の毛が育つ効果が得られるとされる。シャンプー前、適量の椿油を手に取り、頭皮をもみ込むようにマッサージした後、5分ほど置いてからシャンプーで洗い流せばOK。すすぎ残しがあると逆効果になるので要注意。

▲直接肌に使う場合は、コールドプレスタイプを選ぶとよい。

### ❋ フェイシャルマッサージに

皮脂の成分でもあるオレイン酸は肌なじみが非常によく、水分の蒸発を抑えて肌に潤いを与える。そのため、オレイン酸を多く含む椿油はフェイスマッサージにもおすすめ。週1回程度、洗顔後の肌に適量のオイルを手に取って顔全体をマッサージするように塗った後、5〜10分置いてからティッシュでふき取り、洗顔料で洗い流せばOK。小鼻の角栓ケアとしても使うことができる。

▲カメリアオイルを作るため、ユチャ（油茶）の種子を手作業で取り出す中国の女性（Elizaveta Kirina / Shutterstock.com）。

# Neem Oil
## ニームオイル

抗菌、抗炎症作用に期待できる万能オイル

▲ニームの実とニームオイル。ニームの和名は「インドセンダン」という。

インド原産の常緑樹で、白檀に似た白い花が咲く。インドでは「神が与えてくれた最初の木」として崇められており、インドの伝統医学アーユルヴェーダでは「最も重要な植物」として古くから用いられてきた。木全体に抗菌成分が含まれるため、葉は食して消化器系の炎症予防に、小枝は噛んで歯ブラシに、種子は抗菌石けんにするなど、万能に使えることから別名「村の薬局」とも呼ばれる。

種子と実から抽出されるニームオイルは非常に苦く、食用には適さないため化粧品の原料によく利用される。高い抗酸化作用のあるビタミンEを多く含むことから、シワやたるみを予防し、くすみを改善する効果が期待され、高い抗菌作用は、ニキビや湿疹の治療にも役立つ。

また、ニームオイルは、虫よけ効果があることでよく知られる。殺虫効果の主たる成分アザジラクチンは、動物や人間には無害なことから、無農薬栽培の害虫対策として注目されている。ペットのダニ、ノミよけにも効果的だ。ただし、原液で使うと薬害が出る恐れがあるため、必ず希釈してから使用すること。

---

**DATA**

名称　ニームオイル、インドセンダンオイル
使用部位　果実、種子
抽出方法　低温圧搾法
香り　独特な強い香り
色　濃い黄色、黄緑
使用方法　美容、薬用、工業用など
効能（期待）　解熱、抗真菌、抗炎症、抗酸化、抗アレルギー、殺菌、保湿、美肌、忌虫など

## 特徴

オレイン酸とビタミンEを多く含むことから、老化の原因となる活性酸素の発生を抑制し、シワやたるみを予防する効果が期待できる。また、種子に含まれるアザジラクチンが虫よけや害虫駆除に役立つ。独特な香りがあるため、ほかのオイルとブレンドするとよい。

## 主成分

・オレイン酸　・パルミチン酸　・リノール酸
・ステアリン酸　・ビタミンE

▲果実を実らせたニームの木。12〜24メートルの高さに育つ。

## 効能

### ❀ 抗真菌作用

ニームに含まれるゲズニンとニンビドールが真菌の感染予防に効果的。

### ❀ 抗炎症・抗アレルギー作用

ニームの活性成分ニンビンが、ニキビなど皮膚疾患の症状緩和に役立つ。

### ❀ 美髪効果

頭皮の環境や状態が整うことでフケを防ぎ、髪に潤いを与える。また、育毛促進効果も期待できる。

▼新鮮なニームの実。熟すと黄色くなる。

## 使用方法

### ❀ ガーデニングの虫よけに

スプレーボトルに水を入れて希釈すると、虫よけスプレーに。混ざりにくい場合は、洗剤を少量入れると、洗剤の界面活性剤が乳化を促して混ざりやすくなる。葉の裏など害虫が集まりやすい場所に散布しよう。ニームオイルを抽出した後の搾りかす「ニームケーキ」も併用すると、より効果的とされる。

▲定期的な散布で植物が生き生きとする。

### ❀ 入浴剤に

ニームオイルを数滴垂らして入浴すれば、乾燥した肌を潤す。また、届きにくい背中ニキビの改善にも有効。ただし、入浴後はシャワーで洗い流すこと。

### ❀ 石けんに

手洗いや洗顔、身体とさまざまな部位に使用できる。乾燥肌やアトピー、ニキビ、湿疹、水虫など肌トラブルの改善に効果的とされる。

▲ニームオイルが配合された石けん。

# Pine Nut Oil

## パインナッツオイル（松の実油）

### 薬効成分豊富で香り豊かなオイル

▲松の実と種子、パインナッツオイル（松の実油）。松ぼっくり（松笠）の鱗片を剥いて加熱することで食用となる。

アカサタナハマヤラワ

　松の実とは、世界各地に自生するマツ科植物の種子の胚乳部分。世界では約20種に食用に適した種子があり、タンパク質や脂質、ビタミンやミネラルといった栄養素を豊富に含むことから、アジア東北部やヨーロッパ、中東、北アメリカなどでは、古くから食料として利用されてきた。特に中国では、その薬効から「海松子（かいしょうし）」、「松子仁（しょうしにん）」、「松子（しょうし）」などと呼ばれ、漢方薬としても利用されてきた。

　この松の実から採れるオイルがパインナッツオイル（松の実油）で、主に低温圧搾法で搾油され、食用として利用される。オイルに使われるのは五葉松の一種である「チョウセンゴヨウ」や「シベリア五葉松（シベリアマツ、シベリア杉）」が主流だが、同じパインナッツオイルでもその種類によって性質や成分が異なる場合があるのも特徴だ。

　また、パインナッツオイルに含まれる不飽和脂肪酸のひとつピノレン酸は、植物油のなかではパインナッツオイルだけに含まれる非常に珍しい脂肪酸で、近年の研究で食欲減退効果が見出されるなど、健康面でも注目されている。

---

**DATA**

名称　パインナッツオイル、パインシードオイル、松の実油、松の実オイル

使用部位　種子

抽出方法　低温圧搾法

香り　マイルドで豊かな香り

色　薄い黄色

使用方法　食用、薬用、美容

効能（期待）　鎮咳、呼吸器疾患緩和、鎮痛、解熱、抗炎症、鎮痒、血流改善、便秘解消、ダイエット、生活習慣病予防など

## 特徴

薄い黄色で豊かな香りを持ち、酸化しやすい。植物油で唯一ピノレン酸という不飽和脂肪酸を含むのが最大の特徴で、特にシベリア五葉松（シベリアマツ、シベリア杉）のオイルに最も多く含まれる。同じオイルでも、原料のマツにより性質が若干異なる場合がある。

## 主成分

・リノール酸　・オレイン酸
・ピノレン酸　・ビタミンE　・ビタミンK　・コリン
・リン　・鉄　・亜鉛　・マグネシウム

▲ピノレン酸を最も多く含むシベリア五葉松。

## 効能

### ❋ アレルギー・アトピー症状軽減

ピノレン酸がアレルギーやアトピーによるかゆみを軽減し、症状の緩和に役立つ。

### ❋ 鎮痛・解熱効果

ピノレン酸が軽い頭痛や関節痛、生理痛を軽減するとされる。

### ❋ ダイエット効果・生活習慣病予防

食欲を減退させて食べ過ぎを予防するほか、悪玉コレステロールを減少させることから、ダイエットや生活習慣病予防に効果があるとされる。

▲松ぼっくり（松笠）、種子、松の実。

## 使用方法

### ❋ 生食に

マイルドで豊かな香りが特徴のパインナッツオイルは、料理に使うことでひと味違う風味を楽しむことができる。ただし、酸化しやすい性質があることから、加熱料理よりもドレッシングやマリネなど、生食に使うのがおすすめ。日常的に摂取することで、ダイエット効果も期待できる。

▲松の実のサラダにパインナッツオイルをかけて。

### ❋ 家庭の常備薬として

アレルギーやアトピーによるかゆみには、該当部分にオイルを直接塗るとかゆみが和らぐ可能性がある。また、ぜんそくや慢性的な咳には、1日小さじ1〜2杯のオイルを飲用することで症状が軽減されるといわれている。

### ❋ 美容液として

化粧水で肌を整えた後、オイルを手に取り顔全体に伸ばす。皮膚バリア機能を強化し、水分と皮膚の弾力性を維持するのに役立つ。

▲サプリメントとして服用できる錠剤もある。

# Baobab Oil
## バオバブオイル

アフリカの大地で育まれたエイジングケアに最適なオイル

▲バオバブオイルとバオバブの実。果実は完全に熟すと乾燥する。

ア
カ
サ
タ
ナ
ハ
マ
ヤ
ラ
ワ

　アフリカのサバンナ地帯に多く分布する特徴的な形状の木、バオバブ。乾燥した大地で生き抜くために、大木の幹には10トンもの水分を蓄える。硬い殻に覆われた白い果肉はそのまま食べると酸っぱいが、豊富な栄養素から、近年はスーパーフルーツとして注目されている。

　1キロの実からわずか18〜24グラムしか採ることのできないバオバブオイルは、種子から低温圧搾法で抽出される。このオイルには、ビタミンEや不飽和脂肪酸が豊富に含まれており、エイジングケアや保湿効果に期待できるとされることから、化粧品などによく配合される。なお、アフリカでは古くから食用油として利用されてきた。

---

### DATA

名称　バオバブオイル、バオバブ種子油
使用部位　種子
抽出方法　低温圧搾法
香り　ほのかに香る
色　黄色
使用方法　食用、美容、薬用
効能（期待）　皮膚軟化、抗酸化、抗炎症、老化防止、保湿、美肌、美髪など

### 特徴

ベタつきが少なく、酸化しづらい。オレイン酸とリノール酸、パルチミン酸をバランスよく含み、保湿と美肌効果が高いとされる。

### 使用方法

化粧水で肌を整えたあと、数滴垂らして顔全体に伸ばす。リップクリームやヘアオイルにも。

▲バオバブの木。

# Papaya Seed Oil

パパイアシードオイル

毛穴の黒ずみや角質除去に効果的とされる天然のピーリングオイル

▲パパイアシードオイルとパパイアの実。果実は、熟すにつれて緑色から黄色に変化する。

多くの熱帯地域で栽培されるパパイアは、メキシコ南部から西インド諸島が原産の常緑小高木だ。果実はトロピカルフルーツとして知られており、甘さが強く、ねっとりとした食感が特徴。

パパイアシードオイルは、オレイン酸とリノール酸が豊富に含まれ、肌に浸透しやすく保湿力に優れたオイルだ。また、パパイアから見つかったことから名付けられた天然の角質除去酵素、パパインの含有量が高い。パパインは、古い角質や皮脂を分解し、肌のターンオーバーを促すので、毛穴の黒ずみやニキビに効果的とされる。ケミカルピーリングとは異なり、肌への刺激は少ないが、肌のバリア機能が低下しているときは使用を控えること。

## 特徴

オレイン酸が70%近くを占めており、酸化しにくい。ビタミンA、Cが豊富なので、肌のくすみやシミ、シワにも効果的とされる。

## 使用方法

数滴垂らして、顔や身体、髪などに伸ばす。特に洗い流す必要はなく、毎日のスキンケアに使用できる。

▲パパイヤの木。

### DATA

| | |
|---|---|
| 名称 | パパイアシードオイル、パパイアオイル |
| 使用部位 | 種子 |
| 抽出方法 | 低温圧搾法 |
| 香り | ほとんどなし |
| 色 | 黄色～オレンジ |
| 使用方法 | 食用、美容、薬用 |
| 効能（期待） | 皮膚軟化、抗酸化、抗炎症、保湿、抗菌、消化促進など |

アカサタナハマヤラワ

79

# Palm Oil

## パームオイル

### 世界で最も生産されている植物油

▲ギニアアブラヤシの果肉と精製されたパームオイル。

アフリカ西部・南西部の熱帯雨林地帯を原産とするヤシ科の植物、ギニアアブラヤシ。その果実には30〜35%の油脂が含まれており、古代エジプトにおいてもその油が使用されていた。なお、果肉から採れるオイルを「パームオイル」と呼ぶのに対し、種子から採れるオイルは「パームカーネルオイル（パーム核油）」と呼び、異なる組成と性質を持つ。

本来、パームオイルはカロテノイドを多く含むためオレンジ色をしているが、脱色精製されると白〜薄黄色になる。これを区別するため、未精製のものは「レッドパームオイル」と呼ばれる。アフリカの伝統的な栽培地帯では、古くからこのレッドパームオイルが料理に色と独特の風味を与えるとして、食文化に欠かせ

ない存在となっている。

今では、世界各地の熱帯雨林地帯で栽培されているアブラヤシ。収穫量が多く安価で安定供給が可能な点、脂肪組成の特徴により溶ける温度の異なるオイルが作れ用途が幅広い点から、現在世界で最も生産されている。その一方、大量生産による環境破壊も問題となっている。

---

### DATA

**名称** パームオイル、アブラヤシ油
**使用部位** 果肉
**抽出方法** 低温圧搾法、溶剤抽出法など
**香り** 無臭
**色** オレンジ色（未精製）、薄い黄色（精製）
**使用方法** 食用、美容、工業用など
**効能（期待）** 老化防止、美肌、抗酸化、保湿、動脈硬化予防、抗がんなど（未精製）

アカサタナハマヤラワ

## 特徴

未精製のパームオイル、レッドパームオイルはオレンジ色でカロテノイドやビタミンが豊富に含まれるが、精製されるとそれらは失われて薄い黄色になる。また、低温圧搾法で抽出されるものと、溶剤抽出法で抽出されるものがあり、精製過程によりトランス脂肪酸など有害物質が混入する場合がある。さらに、プランテーション栽培による大規模な森林伐採も問題となっている。こうしたことから、パームオイルを購入する際は低温圧搾された商品や、RSPO（※）認証の商品など、なるべく品質の良いものを選ぶとよいだろう。

【左】マレーシアのプランテーション農園。【右】アブラヤシの果実の収穫風景（MEMBERHS / Shutterstock.com）。

※RSPO＝"Roundtable on Sustainable Palm Oil"の略で、日本語では「持続可能なパームオイルのための円卓会議」。世界規模の非営利組織団体で、信頼できる持続可能なパームオイル製品の成長と利用を促進する目的で2004年に設立された。

## 主成分

・パルミチン酸　・オレイン酸
・ビタミンE　・ビタミンK

▲未精製のレッドパームオイル。

## 効能

### ❀ 美肌・エイジングケア

皮脂成分にも含まれるパルミチン酸とオレイン酸が、肌の保湿や老化防止を助けるほか、ビタミンEの抗酸化作用により、肌のエイジングケアにも役立つ。

### ❀ がん・動脈硬化予防（レッドパームオイル）

カロテノイドが体内でビタミンAに変化し、粘膜や皮膚を健康に保つ役割をする。また、ビタミンEの一種、トコトリエノールが、がんや動脈硬化の予防に役立つ。パルミチン酸が体内でビタミンAを安定させることで、効果の向上が期待できる。

## 使用方法

### ❀ 手作り石けんに

パームオイルを使った手作り石けんは、安定して固く、型崩れしにくいのが特徴。また、酸化もしにくいため、石けん作りには最適なオイルといえる。ただし使用量が多過ぎると、石けんが固くなり過ぎて水で溶けにくくなり、泡立ちも悪くなってしまうため、ほかのメインオイルにパームオイルを15〜20%ほど混ぜて使うのがおすすめ。

▶レッドパームオイルを使った手作り石けん。精製されたパームオイルよりも高価だが、より安心して使用することができる。

# Pumpkin Seed Oil

## パンプキンシードオイル

### デザートにぴったりな、甘く香ばしい多機能オイル

▲オイルのなかでも珍しい、黒に近い濃い緑色が印象的なパンプキンシードオイル。

ア
カ
サ
タ
ナ
ハ
マ
ヤ
ラ
ワ

カボチャの種子から採れる、パンプキンシードオイル。原料には主に「セイヨウカボチャ」や「ペポカボチャ」という品種が使われる。搾油方法は低温圧搾法が主で、熟したカボチャの種子から繊維質を取り除き、乾燥・圧搾して抽出される。

パンプキンシードオイルにはリノール酸、オレイン酸、ビタミンE、$\beta$-カロテン、各種ミネラルなど豊富な栄養が含まれている。ヨーロッパでは古くから食用や薬用に利用され、近年では高い抗酸化作用から美容面でも注目されている。

特に薬用面では、民間療法として虫歯の予防や駆虫に使われるほか、ドイツでは前立腺肥大の予防薬として正式に承認されている。

---

### DATA

| | |
|---|---|
| 名称 | パンプキンシードオイル、パンプキンオイル、パンプキン油、カボチャ種子油 |
| 使用部位 | 種子 |
| 抽出方法 | 低温圧搾法 |
| 香り | ナッツのような甘く香ばしい香り |
| 色 | 濃い深緑色 |
| 使用方法 | 食用、薬用、美容 |
| 効能(期待) | 抗酸化、駆虫、強壮、前立腺疾患予防、ホルモンバランス調整、抗炎症、老化防止など |

### 特徴

黒に近い濃い深緑色で、ナッツのような香ばしく甘い香りが特徴。ビタミンやミネラルなど豊富な栄養素が魅力だが、不飽和脂肪酸が多く非常に酸化しやすいため、注意が必要。

### 使用方法

ドレッシングなど、直接料理にかけると隠し味やアクセントになる。特にアイスクリームをはじめデザートに最適。

▲アイスにかけても。

# Pecan Nut Oil

## ピーカンナッツオイル

### 不飽和脂肪酸が豊富なアメリカで愛されるオイル

▲ピーカンナッツオイルと、独特の形が特徴のピーカンナッツ。

アメリカ中西部〜メキシコ東部を原産とするクルミ科の樹木、ペカン（ピーカン）。その種子で食用となるピーカンナッツは、栄養価に優れ、アメリカ建国以前の先住民との交易では、毛皮と交換されるほど高価だったという。

最大の特徴は、全体の約72%という脂質の多さで、別名「バターの木」と呼ばれるほど、ナッツ類のなかでも特に脂質が多い。この種子を軽くローストして挽き、圧搾するとピーカンナッツオイルになる。

クセがあまりなく食材を選ばないことや、発煙点が約240℃と高く加熱調理にも適していることから、アメリカでは主に食用油として親しまれているほか、マッサージやアロマテラピーにも用いられる。

| 特徴 |
|---|

わずかなナッツの風味があるが、クセはない。不飽和脂肪酸が約90%を占め、特にオレイン酸が豊富。ビタミンEやマグネシウム、カリウム、鉄など、さまざまな栄養素も備える。

| 使用方法 |
|---|

加熱に強いため、炒め物や揚げ物にも使用可能。また、無添加のものはバター代わりにトーストなどに塗っても美味。

▲ペカンの木と果実。

### DATA

名称　ピーカンナッツオイル、ペカンナッツオイル
使用部位　種子
抽出方法　圧搾法
香り　ほのかなナッツの香り
色　淡い黄色
使用方法　食用、美容
効能(期待)　抗酸化、コレステロール値低下、胃酸調整、整腸、血行促進、美肌、免疫力向上など

アカサタナハマヤラワ

# Pistachio Oil
## ピスタチオオイル

料理をワンランクアップさせる芳醇な香り

▲ピスタチオオイルとピスタチオナッツ。ナッツは産地や製法によりさまざまな風味を楽しむことができる。

ア
カ
サ
タ
ナ
ハ
マ
ヤ
ラ
ワ

　ピスタチオは地中海沿岸を原産とするウルシ科の落葉高木で、古代トルコやペルシャなどでは、数千年前からピスタチオの種子を食用に栽培してきたという。現在の主な生産地は中近東やアメリカなどの乾燥地帯で、熟した種子を殻果ごと焙煎し、塩味を付けたものを食用とする。「ピスタチオグリーン」と呼ばれる緑色やほかのナッツ類と異なる独特の風味を持つことから、「ナッツの女王」とも呼ばれる。また、ビタミンやミネラル、食物繊維などを多く含む栄養価の高さも特徴で、「阿月渾子」という生薬として、腎炎、肝炎、胃炎などの治療に利用されている。

　ピスタチオオイルとは、このピスタチオの種子(仁)から低温圧搾法で抽出されたオイルで、ほかのナッツオイルに比べて特に強い独特の風味を持ち、種子の色と同様に緑色をしている。酸化に強いオレイン酸を多く含むことから加熱にも強いが、その風味を生かすため、主に蒸し野菜などの料理にかけるテーブルオイルとして用いられることが多い。

　このほかに美容用として、ヘアオイルやスキンケア製品などに利用されている。

---

### DATA

名称　ピスタチオオイル
使用部位　種子(仁)
抽出方法　低温圧搾法
香り　ナッツの独特な強い香り
色　緑色
使用方法　食用、美容
効能(期待)　抗酸化、保湿、皮膚軟化、美肌、コレステロール値低下、動脈硬化予防、整腸、老化防止、高血圧予防、眼精疲労回復、美髪など

## 特徴

最大の特徴は、豊かな風味と深い緑色で、料理の仕上げに最適。また、オレイン酸をはじめ90%近くが不飽和脂肪酸で構成されるほか、ビタミンEをはじめとするビタミン類、カリウム、鉄、銅などのミネラル類、ファイトケミカル（天然機能成分）のルチンやβ-カロテンも含む。

## 主成分

・オレイン酸　・リノール酸
・パルミチン酸　・ビタミンE　・ビタミンA
・ビタミンK　・鉄　・亜鉛　・β-カロテン

▲ピスタチオの果実。この中に種が入っている。

## 効能

### ❖ 生活習慣病予防

オレイン酸が血液中の悪玉コレステロールを減らし、生活習慣病の予防につながる。

### ❖ エイジングケア

ビタミンE、ビタミンAの抗酸化作用により、細胞の老化を遅らせ、シミやシワの予防に効果的。

### ❖ 高血圧・むくみ予防

カリウムが体内の余分な塩分を排出させることで、高血圧予防やむくみ防止につながる。

### ❖ 眼精疲労緩和・眼病予防

ルチンやβ-カロテンが眼精疲労や白内障、緑内障などの眼病の予防に役立つ。

## 使用方法

### ❖ マッサージ＆ヘアオイルとして

エキゾチックな香りを持ち、適度なテクスチャーのピスタチオオイルは、マッサージにもおすすめ。肌に栄養を与えてしっとりとなめらかにする。また、ヘアオイルとして使うと、しっとりまとまったサラサラの髪に仕上がる。

▲手持ちのクリームに少量混ぜて使ってもOK。

### ❖ テーブルオイルとして

数あるナッツオイルのなかでも、特に芳醇な風味を持つピスタチオオイル。その香りを生かして、料理の仕上げに使うテーブルオイルとしての使用がおすすめだ。ドレッシングや料理のソース、白身魚や鶏肉、豚肉のローストにもよく合う。また、アイスクリームにかけるとワンランクアップした味になるなど、デザートとも好相性。また、パンに付けて食べると、オイルの味を存分に味わえる。

◀美しい緑色が印象的なピスタチオオイル。香りのほか、この色を料理に生かせるのもうれしい。

# Peach Kernel Oil

## ピーチカーネルオイル

### 乾燥肌に最適な低刺激オイル

▲ピーチカーネルオイルとモモの果実、種子。オイルは軽いテクスチャーで、肌に素早く吸収される。

アカサタナハマヤラワ

バラ科の落葉小高木、モモ（桃）。原産地の中国では邪気をはらい不老長寿を与える植物として、昔から親しまれている。また種子の内核は「桃核、桃仁」と呼ばれ、漢方薬として婦人病などに用いられる。

ピーチカーネルオイルとは、モモの種子（仁）から低温圧搾法で抽出されるオイルで、アーモンドオイルと似た成分構成を持つが、生産量が少ないことから比較的高価なオイルとなっている。

オレイン酸が約60〜65％、リノール酸が約25％という成分から、保湿効果や皮膚軟化作用に期待できるとされ、現在は主にマッサージオイルや化粧品、ヘアケア製品、洗顔料などの美容分野で幅広く利用されている。

---

### DATA

名称　ピーチカーネルオイル、桃油、桃仁油、モモ核油
使用部位　種子（仁）
抽出方法　低温圧搾法
香り　ほぼ無臭
色　淡い黄色
使用方法　美容
効能（期待）　皮膚軟化、保湿、美肌、美髪、抗炎症、鎮痒、抗酸化など

### 特徴

無臭でやや粘性のある質感をしており、オレイン酸、リノール酸の含有率が高い。優れた保湿作用を持つことから、特に乾燥肌の人におすすめ。

### 使用方法

敏感肌の人や赤ちゃんにも使えるほど低刺激なので、特に肌荒れや乾燥が気になるフェイシャルマッサージに効く。

▶モモの果実と種子、内核。

# Peanut Oil

## ピーナッツオイル

### 加熱料理にも使えるバランスの取れたオイル

▲ピーナッツオイルとラッカセイの殻、種子であるピーナッツ。

南アメリカ原産のラッカセイ（落花生）。その種子は「ピーナッツ」や「ナンキンマメ（南京豆）」と呼ばれ、古くから食用とされてきた。このピーナッツには油分が40～50％も含まれており、これを圧搾して得られるのがピーナッツオイルだ。

ピーナッツオイルは比較的安価である点や、高温に強い（220℃）という特徴か

ら、栄養を損なわず加熱料理に使えることから、食用油として広く普及しており、サラダ油やマーガリンの原料にもなる。特にピーナッツ特有の香ばしい風味から、中華料理には欠かせない存在だ。

工業用途では石けんやシャンプー、塗料樹脂などの原料として使われるほか、薬用としては軟膏にも利用される。

---

### 特徴

ピーナッツ特有の芳香があり、加熱に強いのが特徴。オレイン酸、リノール酸などの不飽和脂肪酸を多く含むほか、ビタミンEや亜鉛などの栄養素も豊富。

### 使用方法

サラダ油の代用として幅広い料理に使うことができる。特に、加熱すると香りが立つので、炒め物におすすめ。

▲中国の食料品店に並ぶピーナッツオイル（pixiaomo / Shutterstock.com）。

### DATA

| 名称 | ピーナッツオイル、落花生油、ピーナッツ油 |
|---|---|
| 使用部位 | 種子 |
| 抽出方法 | 低温圧搾法、高温圧搾法 |
| 香り | ピーナッツの香ばしい香り |
| 色 | 褐色～黄色 |
| 使用方法 | 食用、美容、薬用、工業用 |
| 効能（期待） | 抗酸化、鎮痛、コレステロール値低下、動脈硬化予防、高血圧予防、老化防止、抗炎症など |

※ピーナッツアレルギーの人は使用しないこと。妊娠中や授乳中、幼児の使用には注意する。

# Black Cumin Seed Oil

## ブラッククミンシードオイル

### 死以外のあらゆる病に効果的とされる万能オイル

▲ブラッククミンシードオイルとブラッククミンの種子と花。和名は「ニオイクロタネソウ（匂黒種草）」という。

近年、スーパーフードとして注目されているブラッククミン（ニゲラサティヴァ）。南ヨーロッパから地中海沿岸を原産とするキンポウゲ科の植物で、スパイスとして一般的に知られるセリ科のクミンとは全く異なる植物である。黒ゴマのような見た目の種子は独特な芳香があり、さまざまな効能を持つことから「恵みの種」「祝福の種」とも呼ばれる。

ブラッククミンの栽培の歴史は3000年前まで遡り、古代エジプトのクレオパトラやネフェルティティは美容のためにブラッククミンシードオイル使用していたという。また、イスラム教の預言者ムハンマドは、ブラッククミンを「死以外の全ての病を治す薬」と賞賛し、中東の伝統医学では万能薬として重宝されてきた。

1960年代以降は世界中で医学的な研究がされ、偏頭痛やぜんそく、アレルギー症状の緩和に有効なことが明らかになっている。

加熱料理には向かないため、料理の仕上げやドレッシングなどに使用するか、ティースプーン1杯（約5g）を1日1〜2回飲むのがおすすめだ。

---

**DATA**

名称　ブラッククミンシードオイル、ブラックシードオイル、ニゲラオイル、カロンジオイル
使用部位　種子
抽出方法　低温圧搾法
香り　スパイシーな香り
色　褐色〜黄色
使用方法　食用、薬用、美容
効能（期待）　抗菌、抗炎症、抗酸化、口臭予防、鎮痛、呼吸器疾患緩和、アレルギー性疾患改善、免疫力向上、もの忘れ予防など

---

## 特徴

マグネシウム、カルシウムを含む100種類以上の有効成分とチモキノンという強力な抗酸化物質が含まれており、近年は、免疫力の向上効果も注目されている。ピリッと刺激的な辛味と苦味、独特なスパイシーな香りがある。高い酸化安定性も特徴のひとつ。

## 主成分

　　　　　・オレイン酸　・リノール酸
・パルミチン酸　・ビタミンA　・ビタミンB
・ビタミンC　・ニゲロン　・チモキノン

▲夏に咲く可憐な花は、観賞用としても人気。

## 効能

▼袋果(たいか)の中に種子が入っている。

### ✿ アレルギー症状緩和

抗ヒスタミン物質に似た作用のあるニゲロンにより、アレルギー症状の緩和に寄与。

### ✿ もの忘れ予防

チモキノンが神経細胞を保護し、もの忘れの予防に役立つ。

### ✿ 口臭予防

口臭原因成分に対し、高い消臭作用がある。口腔内の環境衛生を改善し、虫歯や歯周病の予防にも有効とされている。

## 使用方法

### ✿ サプリメントとととして

日本ではあまりなじみのないブラッククミンシードオイルのサプリメント。継続して飲むことで、さまざまな健康効果が期待できる。

### ✿ キューティクルオイルとして

爪と指先を保湿し、乾燥やささくれを防ぐ。爪を強くする効果も期待できる。

▲ブラッククミンシードオイルのサプリメント。

### ✿ 石けんに

ブラッククミンシードオイルを使った石けんは、オリーブオイルやココナッツオイルとの配合がポピュラー。保湿や引き締め効果のほか、抗菌・抗炎症作用が期待できるとされる。皮膚の再生に働きかける作用もあるため、すでにできてしまったニキビはもちろん、ニキビ跡の修復も期待できる。市販品は、「ブラックシードソープ」の名前で販売されていることもある。溶けると洗面台が黒く汚れてしまうので注意が必要。

▲中東ではポピュラーなブラッククミンシードオイルを使った石けん。

# Flaxseed Oil

## フラックスシードオイル（亜麻仁油）

### オメガ3系脂肪酸が豊富なオイル

▲フラックスシードオイルと、原料となるアマの種子。日本では特に北海道での栽培が盛ん。

コーカサス地方から中東にかけてが原産とされるアマ科の一年草、アマ（亜麻）。7000年前にはすでに栽培されていた歴史ある植物で、特に茎の繊維が衣類などに使われるリネン製品となることで知られるほか、さまざまな用途で利用されている非常に有用な植物だ。

フラックスシードオイルは、このアマの種子を圧搾、または潰して溶媒抽出することで得られ、「亜麻仁油」や「リンシードオイル」とも呼ばれる。オメガ3系脂肪酸のα-リノレン酸をはじめ、不飽和脂肪酸や栄養素に富み、ヒポクラテスの時代には皮膚疾患に有効とされていたほか、現代では栄養サプリメントとして販売されるなど、健康面でも注目されている。

また、空気に触れると固まる乾性油で

あることを利用して、油絵具のバインダーやパテ、木製品の仕上げなどに用いられる。

ただし、酸化しやすく熱に弱いという特徴があり、温めると有毒な成分が発生してしまうことから、食用にする場合は、必ず低温圧搾された未精製のものを選ぶなど、注意が必要だ。

---

### DATA

名称　フラックスシードオイル、亜麻仁（アマニ）油、フラックスオイル、リンシードオイル

使用部位　種子

抽出方法　低温圧搾法、圧搾法、溶剤抽出法

香り　生臭いような独特な香り

色　黄色

使用方法　食用、工業用、薬用、美容

効能（期待）　緩下、ホルモン調整、動脈硬化防止、皮膚トラブル改善、抗炎症、抗がん、アレルギー性疾患改善、老化防止、血流改善など

## 特徴

生臭いようなクセのある独特な香りを持つ。最大の特徴は、オメガ3系脂肪酸で、体内で作ることができない必須脂肪酸のひとつ、α-リノレン酸の含有率が植物性油脂のなかでトップ3に入るほど多い。ただし、酸化しやすく加熱に弱いという特徴もある。

## 主成分

・α-リノレン酸　・オレイン酸
・リノール酸　・γトコフェロール　・ビタミンE
・ビタミンK　・コリン

▲美しい青色の花を咲かせる亜麻。

## 効能

### ❀ もの忘れ予防

α-リノレン酸が体内でDHAに変化し、もの忘れなどの脳疾患の予防に効果が期待できる。

### ❀ エストロゲン調整

リグナンがエストロゲンを調整し、乳がんや子宮頸がんなど女性特有の病気の予防に役立つ。

### ❀ アトピー・アレルギー予防

α-リノレン酸が、リノール酸の過剰摂取によるアトピーやアレルギーなど炎症系の症状を緩和する。

### ❀ 血中脂肪・コレステロール値低下

血中脂肪やコレステロール値を下げ、心疾患や脳血管疾患のリスクを軽減することが示唆されている。

## 使用方法

### ❀ 生食に

加熱に弱いため、サラダのドレッシングやマリネなど、冷たい料理に使うのがおすすめ。その際、独特な香りが気になる場合には、オリーブオイルなどの食べやすいオイルと一緒に使うとよい。特に、タンパク質と一緒に摂取するとより高い効果を得られるとされ、卵かけごはんや納豆、みそ汁などにかけて食べると栄養素を取り込みやすくなるとされる。摂取量の目安は、1日大さじ1杯程度。

【上】料理に使う場合はそのまま生食で。【左】サプリメントとして摂取してもOK。

# Prune Seed Oil
## プルーンシードオイル

### 甘い香りに癒される、エイジングケアオイル

▲プルーンシードオイルとプルーンの実。プルーンは和名を「セイヨウスモモ」という。

アカサタナハマヤラワ

ビタミンやミネラル、食物繊維などの栄養価が高く、欧米では「ミラクルフルーツ」とも呼ばれるプルーン。発祥は紀元前、カスピ海沿岸のコーカサス地方で、現在はアメリカのカリフォルニア州を中心に世界各地で栽培されている。品種によって果実の大きさや果汁の量、甘さや酸味が異なり、種がついたまま乾燥させても発酵しない品種がドライプルーンとして加工される。

果実が囲む硬い核の中には種子が納まっており、この種子を低温圧搾法で抽出したオイルがプルーンシードオイルだ。フランスなどヨーロッパの国で食用目的で生産されるようになったのが始まりで、ほんのりとアーモンドのような甘い香りがすることから、主に焼き菓子やデザート、サラダなどの香りづけに用いられる。

また、オレイン酸とリノール酸が多く含まれていることから、スキンケアやヘアケア、ボディケアなど美容用途に幅広く使われる。特にビタミンA、Eなどの抗酸化物質が豊富なため、シミやシワ、くすみ対策などエイジングケア用の美容液としても注目されている。

---

### DATA

名称　プルーンシードオイル、プラムオイル、プルーンカーネルオイル、プルーン種子油
使用部位　種子（仁）
抽出方法　低温圧搾法
香り　甘いアーモンドのような香り
色　黄色
使用方法　食用、美容
効能（期待）　抗炎症、抗酸化、老化防止、皮膚軟化、保湿など

## 特徴

甘いアーモンドの香りとサラリとした質感が特徴。ポリフェノールの一種のネオクロロゲン酸を多く含み、活性酸素の働きを阻止する効果がある。また、天然のビタミンEであるトコフェロールの含有量も高く、チエイジングケアに最適なオイルといえる。

## 主成分

・オレイン酸　・リノール酸　・ネオクロロゲン酸
・ビタミンA　・ビタミンC　・ビタミンE

▲たわわに実ったプルーン。

## 効能

### ❀ 皮膚の軟化効果

オレイン酸により、肌を柔らかくふっくらさせる効果が期待できる。

### ❀ エイジングケア

肌のターンオーバーを促し、シミやシワ、くすみなどの改善に役立つとされる。

### ❀ 美肌効果

ビタミンCが肌を明るくし、毛穴を引き締める。また、紫外線ダメージの予防にも役立つ。

▼春になると、サクラに似た白い花を咲かせる。

## 使用方法

### ❀ 美容液として

化粧水で肌を整えた後、数滴垂らして顔全体に伸ばす。サラッとしたテクスチャーでベタつかず、すぐに肌に浸透するため、オイルが毛穴に詰まる可能性は低く、すべての肌タイプに使用できるほか、刺激もほとんどないのでデイリーケアに最適。乳液やクリームなどに混ぜての使用もおすすめ。

▲ほかのキャリアオイルとの相性もよく、使いやすい。

▲フェイスパックは週に1回程度が最適。

### ❀ フェイスパックに

すりつぶしたオートミールとヨーグルトを同量入れ、プルーンシードオイルを数滴垂らしよく混ぜる。肌に塗ったら15分ほど放置し、ぬるま湯でやさしく洗い流せばしっとりとハリのある肌に。オートミールには保湿と肌のかゆみを抑える抗炎症効果が、ヨーグルトには角質除去の効果があるとされ、プルーンシードオイルとの相乗効果で、さまざまな肌トラブルに役立つ。保存は利かないので1回で使い切ろう。

# Broccoli Seed Oil
## ブロッコリーシードオイル

「天然のシリコーン」と称されるヘアケアに最適なオイル

▲ブロッコリーとブロッコリーシードオイル。収穫せずに栽培を続けると、多数の黄色い花を付ける。

ア
カ
サ
タ
ナ
ハ
マ
ヤ
ラ
ワ

地中海沿岸を原産とする緑黄色野菜、ブロッコリー。キャベツの一種がイタリアで品種改良され現在の姿になったといい、今では世界中で親しまれている。

そのブロッコリーの種子から低温圧搾法で抽出されるブロッコリーシードオイルは、エルカ酸をはじめとする特有の脂肪酸組成を持ち、ビタミンAなどの栄養素も豊富に含むオイルだ。

特にエルカ酸にはシャンプーなどに含まれるシリコーンに似た働きがあり、髪や肌に栄養やツヤを与えることから「天然のシリコーン」とも呼ばれる。このため、近年は欧米でブロッコリーシードオイルが自然派のヘアケアやスキンケア製品に使用されるなど、注目されている。

---

### DATA

名称　ブロッコリーシードオイル
使用部位　種子
抽出方法　低温圧搾法
香り　野菜独特の青臭い香り
色　黄金色
使用方法　美容
効能（期待）　保湿、抗酸化、抗炎症、美髪、育毛促進、紫外線予防、老化防止、美肌など

---

**特徴**　野菜独特の青臭い香りがあり、軽くサラリとした質感。エルカ酸の含有率が約50％と高いのが最大の特徴で、ビタミンAも豊富なことから特に保湿力に優れる。

**使用方法**

ヘアオイルとして洗髪後の髪に塗ってから乾かすと、光沢のあるまとまりの良い髪に。コンディショナーに混ぜてもOK。

▲ブロッコリーの種子。

# Hazelnut Oil

## ヘーゼルナッツオイル

### 濃厚なコクとビターな香ばしさの贅沢オイル

▲ヘーゼルナッツオイルと種子であるヘーゼルナッツ。トルコがヘーゼルナッツの生産の75％を占めている。

ア
カ
サ
タ
ナ
ハ
マ
ヤ
ラ
ワ

　ヨーロッパ大陸〜地中海沿岸原産の落葉低木、セイヨウハシバミ。その種子であるヘーゼルナッツは食用とされ、特にチョコレートとの相性が良いことから、製菓材料としては欠かせない存在である。

　このヘーゼルナッツから得られるのがヘーゼルナッツオイルで、主に低温圧搾法で抽出される。ただし、1ℓのオイルを抽出するのに2.5kgのナッツが必要であることから、流通量が少なく比較的高価なオイルとなっている。

　ヘーゼルナッツ特有のビターで香ばしい香りを生かして料理の風味付けに使用されるほか、栄養が豊富で浸透力や保湿力も高いことから、マッサージオイルなど美容面でも利用されている。

---

**特徴**

香ばしい香りと濃厚な味わいが特徴。ビタミンA・B・E、カルシウム、マグネシウムなどの栄養素をバランスよく含み、高い浸透力を持つほか、オレイン酸の含有率が高く加熱にも強い。

**使用方法**

加熱に強いため、中華料理や肉のローストにも向く。ドレッシングやお菓子作りに使うと、香ばしい香りがより引き立つ。

▲セイヨウハシバミの熟した果実。

### DATA

| | |
|---|---|
| 名称 | ヘーゼルナッツオイル、ハシバミ油 |
| 使用部位 | 種子 |
| 抽出方法 | 低温圧搾法 |
| 香り | ナッツの香ばしい香り |
| 色 | 淡い黄色 |
| 使用方法 | 食用、美容 |
| 効能（期待） | 保湿、美肌、コレステロール値低下、動脈硬化予防、収れん、血行促進、血圧降下、美髪、老化防止など |

※まれにじんましんなどを引き起こす可能性があるため、敏感肌やアレルギーのある方は使用に注意すること。

# Hemp Oil
## ヘンプオイル（麻の実油）

必須脂肪酸が理想的なバランスで含まれたスーパーオイル

▲未精製のヘンプオイルとヘンプの葉、種子、種子を殻ごと脱脂した後に粉砕したヘンプパウダー。

中央アジアが原産とされるアサ科の植物、ヘンプ（麻）。人類が栽培してきた最古の植物のひとつであり、1万年以上前から茎の皮は繊維（ヘンプ）として、果実（種子）は食用や薬用として、種子から採れる油は食用や燃料として、幅広い用途で利用されてきた。同時に、大麻として麻薬成分を含むことから厳しい規制を受けてもいたが、近年は使用目的によってはその価値が見直されつつある。

ヘンプオイルとは、このヘンプの種子からとれるオイルで、「ヘンプシードオイル」や「麻の実油」とも呼ばれる。種子には30〜40％程の油が含まれており、通常は低温圧搾法で抽出され、未精製のオイルは薄い緑色をしているが、精製されるとほぼ透明〜黄色になる。

ボディケア製品や潤滑油、塗料、バイオ燃料、工業用など非常に広範囲に使われるほか、抗菌作用があることから石けんやシャンプー、洗剤などの成分としても使われる。特に、必須脂肪酸を80％も含み、人体が必要とする理想的なバランスを持つことから、近年はスーパーフードとしても注目されている。

## DATA

**名称** ヘンプオイル、ヘンプシードオイル、麻の実油、麻油、大麻油
**使用部位** 種子
**抽出方法** 低温圧搾法
**香り** ナッツのような香り
**色** 薄い緑色（未精製）、透明〜黄色（精製）
**使用方法** 食用、工業用、薬用、美容
**効能（期待）** コレステロール値低下、抗酸化、抗炎症、抗菌、抗アレルギー、保湿、老化防止、動脈硬化予防、美肌、美髪など

## 特徴

未精製のオイルは薄い緑色でナッツのような香りがあり、必須脂肪酸やビタミン、ミネラルなどの栄養素も豊富。最大の特徴は、オメガ3系脂肪酸とオメガ6系脂肪酸の比率が理想的な1:3になっている点。ただし40℃以上で成分が損なわれるなど、非常に酸化が早い。

## 主成分

・リノール酸　・α-リノレン酸
・γ-リノレン酸　・オレイン酸　・パルミチン酸
・ビタミンA　・ビタミンC　・ビタミンE　・亜鉛　・鉄

▲アメリカ・オレゴン州のヘンプ畑。

## 効能

### ❀ コレステロール値低下

オメガ脂肪酸が血中コレステロール値を低下させ、動脈硬化の予防に役立つ。

### ❀ アレルギー症状改善

α-リノレン酸がリノール酸の過剰摂取によるアレルギー症状を改善する場合もある。

### ❀ 美肌・エイジングケア

必須脂肪酸やビタミンA、C、Eの組み合わせが、より強い保湿作用や抗酸化作用を生み、紫外線から肌を守ってシミやシワを防ぎ、コラーゲンの生成を促す。

▼精製したヘンプオイル。

## 使用方法

### ❀ スキンケアのブースターとして

サラリとした質感でベタつかず、肌なじみも良いため、スキンケア前のブースターとして使うのもおすすめ。洗顔後、少量のオイルを手に取って顔に伸ばし、その後通常のスキンケアを行うと、オイルが肌細胞を柔らかくして化粧水などの吸収力を上げ、保湿機能を高める。

▲ヘンプオイルを使ったスキンケア製品も多数ある。

### ❀ 生食に

40℃以上で加熱すると酸化するという性質から、食用にするならそのまま飲用するか、ドレッシングやマリネなどの生食に使うのが最適。また、ナッツに似た香ばしい香りは、料理の風味付けとしても美味。みそやしょうゆなどの発酵食品とも相性が良いので、和食にも取り入れやすい。なお、1日の摂取量は大さじ1杯程度で、できるだけ未精製の良質な製品を選ぶとよいだろう。

▲サプリメントとして服用できるヘンプオイルの錠剤。

# Poppyseed Oil

## ポピーシードオイル（ケシ油）

### 47

世界的にも希少な高級オイル

▲ポピーシードオイルと、原料となるポピーシード（ケシの実）。

The side tab letters

ア
カ
サ
タ
ナ
ハ
マ
ヤ
ラ
ワ

地中海沿岸または東ヨーロッパ原産とされるケシ科の植物、ケシ（芥子、ポピー）。紀元前5000年頃から栽培されていた歴史を持ち、当時は主に薬用として利用されていた。

果実から抽出される麻薬成分「アヘン」からは麻薬のモルヒネやヘロインが生成されるため、その栽培は国際的に厳しく取り締まられている。一方、種子のポピーシード（ケシの実）にはアヘン成分はほとんど含まれておらず、菓子をはじめ世界中で食用として親しまれている。

この種子には45〜50％の油脂が含まれており、それを低温圧搾法により抽出したものがポピーシードオイル（ケシ油）だ。空気中で固まりやすい性質を持つことから半乾性油に分類され、主に油彩画

の絵の具を溶く描画油のほか、塗料や石けんなどの原料に使用される。

また、良質なものは食用にも利用されるが、植物油のなかでも希少な高級オイルであることから、あまり流通はしていない。このほか、近年はがんや不眠症、不妊治療への効果が期待され、研究が進められている。

---

### DATA

名称　ポピーシードオイル、ケシ油
使用部位　種子
抽出方法　低温圧搾法
香り　ほのかなナッツのような香り
色　薄い黄色
使用方法　工業用、美容、食用、薬用
効能（期待）　抗酸化、抗炎症、保湿、老化防止、美肌、コレステロール値低下、不眠症改善、抗ストレス、鎮静、鎮痛、抗がんなど

## 特徴

薄い黄色をしており、ナッツを思わせるほのかな香りを持つ。最大の特徴は、ビタミンEとファイトケミカルの一種である植物ステロールが豊富な点。ただし、不飽和脂肪酸のリノール酸が多く含まれるため、加熱に弱いという欠点も。

## 主成分

・リノール酸　・オレイン酸　・パルミチン酸
・γ-トコフェロール（ビタミンE）

▲ケシの花。

## 効能

### ❈ 生活習慣病予防

オレイン酸が血中悪玉コレステロールを減らし、生活習慣病の予防につながる。

### ❈ 不眠症改善・抗ストレス効果

神経系を落ち着かせ、不眠症やストレスを和らげる効果が期待できる。

### ❈ 美肌効果

ビタミンEが紫外線から肌を守り、リノール酸が乾燥した肌を保湿・修復する。また、オレイン酸が皮膚を柔らかくすることで美肌効果が期待できる。

▲乾燥した果実と種子のポピーシード。

## 使用方法

### ❈ 生食に

ポピーシードオイルを食用にする場合は、加熱料理には向かないため、サラダのドレッシングやソースなど生食に使うのがおすすめ。特に、ナッツのようなほのかな香ばしい香りは料理の風味付けとしても利用することができる。リノール酸を60％以上含むので、過剰摂取には注意。

▲ポピーシードオイル、ポピーシード、バルサミコ酢のドレッシングをサラダにかけて。

### ❈ 美容オイルとして

少量のポピーシードオイルを手に取って、乾燥やダメージが気になる部分に塗ると、エイジングケアや美肌効果が期待できる。ローションやクリームに混ぜての使用もおすすめ。

### ❈ ヘアオイルとして

洗髪後の髪に塗ってから乾かすと、ドライヤーの熱から髪を守り、切れ毛や枝毛の予防に。

◀食用や美容に使う際に選びたい、オーガニックのコールドプレス・ポピーシードオイル。

アカサタナハマヤラワ

99

# Jojoba Oil

## ホホバオイル

### 酸化しにくく美容効果も高いとされる優秀オイル

▲未精製の「ゴールデンホホバオイル」と、原料となるホホバの種子。

アメリカ南西部からメキシコ北部の砂漠地帯が原産の常緑低木、ホホバ。過酷な地で生きるため、地中深く根を張り分厚く固い表皮で覆って水分を蓄える性質を持つ。その種子から抽出されるのがホホバオイルで、先住民族は古くから肌の保護や傷の治療に使用していたという。「オイル」と名前に付くものの、成分の約97%はワックスエステル※であることから、正確には植物性の蝋（ワックス）に分類される。この含有量は驚異的で、どの植物よりも多いとされるほか、人間の皮脂にも含まれる成分であることから、肌の弾力や潤いを保つなどさまざまな効果があるとされる。また酸化安定性の高さも特徴で、数年間の保存が可能といわれる。

こうした特徴から、美容や医療、工業など幅広い分野で用いられるが、人間はワックスエステルを消化できないため、食用には向かない。

抽出方法は低温圧搾法だが、未精製で黄金色の「ゴールデンホホバオイル」と、精製された透明な「クリアホホバオイル」の2種類があり、前者はより美容効果が高いとされ、後者はより低刺激だとされる。

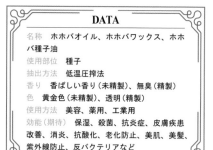

### DATA

名称　ホホバオイル、ホホバワックス、ホホバ種子油
使用部位　種子
抽出方法　低温圧搾法
香り　香ばしい香り（未精製）、無臭（精製）
色　黄金色（未精製）、透明（精製）
使用方法　美容、薬用、工業用
効能（期待）　保湿、殺菌、抗炎症、皮膚疾患改善、消炎、抗酸化、老化防止、美肌、美髪、紫外線防止、反バクテリアなど

※ワックスエステル＝蝋（ワックス）の化学的な表記。人間の皮脂にも含まれるほか、クジラや深海魚に多く含まれ、浮力調節とエネルギー貯蔵を兼ねていると考えられている。

## 特徴

未精製タイプのホホバオイルは、特有の香ばしい香りと黄金色が特徴で、栄養素が豊富。精製された無臭で透明のホホバオイルは、栄養が損なわれている反面、低刺激という利点がある。両者共に常温では液体だが、10℃以下で固体になる。最大の特徴は、構成要素の97％がワックスエステルである点で、高い浸透力と酸化安定性を持つ。

▲乾燥した地で育つホホバの木。

## 主成分

・ワックスエステル　・イコセン酸　・エルカ酸
・ビタミンA　・ビタミンD　・ビタミンE

## 効能

### ❖ 保湿・紫外線防止効果

ワックスエステルが乾燥や紫外線から肌を保護する。

### ❖ 抗炎症効果

イコセン酸により、日焼けなどで起きた肌の炎症を抑える効果が期待できる。

### ❖ エイジングケア

ワックスエステルが肌に弾力を与えるほか、ビタミンEの抗酸化作用によりシミやシワを防ぎ、新陳代謝が高まるとされる。また、ビタミンAが肌を健康な状態に保つ。

▲ホホバの種子と乾燥させた種子。

## 使用方法

### ❖ 日焼け止めとして

ホホバオイルを直接肌や髪に塗れば、ナチュラルで低刺激な日焼け止めに。肌や髪を保湿しつつ紫外線から守るほか、日焼けによる肌の炎症を緩和する効果も期待できる。ただし、SPFは4程度なので、紫外線が強い日は専用の日焼け止め製品を使おう。

▲ヘアオイルとして使ってもOK。

### ❖ ディープクレンジングに

メイククレンジングの後、適量のホホバオイルを手に取って顔全体を優しくマッサージすると、通常のクレンジングや洗顔だけでは落ちない余分な皮脂や汚れ、角栓を浮き上がらせて取り除く。コツは、オイルに少量の水を含ませ、乳化させること。その後、洗顔料をできるだけ泡立ててから念入りに洗顔すれば、浮き上がった汚れをきれいに取ることができる。

▲精製された「クリアホホバオイル」。低刺激なので、敏感肌や赤ちゃんの肌にも安心して使用できる。

# 49 Pomegranate Seed Oil
## ポメグラネイトシードオイル(ザクロ種子油)

近年注目の最高級プレミアムオイル

▲ザクロの果実と、種子から採れるポメグラネイトシードオイル。



5000年以上前から栽培されてきた歴史を持つザクロは、原産地とされるペルシャ(イラン)をはじめ世界各地で栽培されるミソハギ科の落葉小高木。観賞用のほか、栄養価の高い果実は食用として、また樹皮や根皮は駆虫薬などの薬用としてさまざまな用途で利用されてきた。

ポメグラネイトシードオイルとは、このザクロの果実の種子から低温圧搾法で抽出される希少なオイルで、プニカ酸という独自の共役リノレン酸(オメガ5系脂肪酸)が全体の60〜70%を占めるという、唯一無二の脂肪酸組成を持つ。このプニカ酸は非常に珍しい脂肪酸で、抗がん、抗酸化、抗アレルギー、体脂肪の蓄積抑制など、さまざまな面で健康に有益な効果が期待できるとして、現在研究が進められている。

また、抗酸化成分として知られているポリフェノールやアントシアニンが豊富で、ビタミン、ミネラル類もバランスよく含まれることから、エイジングケアに最適な高級美容オイルとしても注目されており、美容やサプリなどに応用されている。

**DATA**

名称　ザクロオイル、ザクロ種子油、ザクロ種子オイル、ポメグラネイトシードオイル
使用部位　種子
抽出方法　低温圧搾法
香り　フルーティーで爽やかな香り
色　黄色〜黄金色
使用方法　美容、食用、薬用
効能(期待)　抗がん、肥満改善、抗酸化、抗アレルギー、老化防止、保湿、美肌、皮膚軟化、ホルモンバランス調整、更年期症状緩和など

## 特徴

黄色～黄金色で特有のフルーティーな香りを持つ。最大の特徴はオメガ5長鎖不飽和脂肪酸のプニカ酸を60～70%以上含む点だが、これにより熱に弱く、非常に酸化しやすいという欠点もある。ポリフェノール、ビタミンC、ビタミンB1、ミネラルも豊富なほか、大豆イソフラボンと同様の植物性エストロゲン物質でもある。

## 主成分

- ・プニカ酸　・α-エレオステアリン酸
- ・リノール酸　・オレイン酸　・ポリフェノール
- ・ビタミンC　・ビタミンB1　・アントシアニン

▲ザクロの種子は、可食部である「種衣」と呼ばれる付属物に覆われている。

## 効能

### ❀ 抗がん作用

プニカ酸の働きによりがん細胞の増殖が抑えられ、抗がん作用が期待できる。

### ❀ 肥満改善効果

プニカ酸が体内の脂肪組織重量を低下させることで、肥満改善に効果が期待できる。

### ❀ 抗炎症作用

プニカ酸が炎症を抑え、皮膚炎やアレルギーなど、体内の炎症が原因となる症状に効果が期待できる。

### ❀ チエイジングケア

プニカ酸が肌細胞を活性化させコラーゲンの生成を助けることで、老化に伴う症状改善が期待できる。

## 使用方法

### ❀ マッサージオイルとして

保湿力に優れ、肌をなめらかにする効果がある。マッサージオイルとして使用する場合、やや粘性が高くベタつきがあることから、ホホバオイルなど、ほかのオイルに20％ほど混ぜてから使用するとより使いやすくなる。手のひらで温めてから塗布すると、肌なじみがよくなる。

▲ポメグラネイトシードオイルを使ったクリーム。

### ❀ 美容オイルとして

就寝前や入浴後、オイルを少量手に取り、乾燥やシミ・シワが気になる部分を中心に、円を描くように優しくなじませると、ハリや潤いのある肌へと導く。

### ❀ 食用に

オリーブオイルやゴマ油など、ほかのオイルとブレンドして使うのがおすすめ。ただし、食用グレードのオイルを選ぶこと。

▲非常に酸化しやすいポメグラネイトシードオイル。遮光瓶に入れて冷蔵庫で保管するとより長持ちする。

103

# Borage Oil

## ボリジオイル（ボラージオイル）

### 最も多くγ-リノレン酸を含む植物油

▲ボリジの花、種子、ボリジオイル。花は「マドンナブルー」と呼ばれる青色が特徴で、星の形をしている。

ア
カ
サ
タ
ナ
ハ
マ
ヤ
ラ
ワ

南ヨーロッパ原産のムラサキ科の植物、ボリジ。和名では「ルリジサ（瑠璃苣）」とも呼ばれ、ハーブの一種としてスープやサラダの付け合わせに用いられるほか、古くから薬用として利用されてきた。

特に強壮効果があるとされ、中世ヨーロッパでは騎士が闘志を高めるためにボリジのハーブティーを飲んで戦いに臨んだという。この効果は実際に科学的にも確認されており、うつ症状などの治療にも使われるなど、その薬効は現代においても認められている。

このボリジの種子から低温圧搾法で抽出されるのがボリジオイル（ボラージオイル）で、現在は主にキャリアオイルやサプリメントとして利用されている。

最大の特徴は、母乳にも含まれる必須脂肪酸のひとつ、γ-リノレン酸を16〜23％含む点。この含有率は植物油のなかで最も高く、同じくγ-リノレン酸を多く含むイブニングプリムローズ（月見草油）の約2倍にもなる。γ-リノレン酸はアトピーやアレルギー症状などに大変効果があるとされることから、ボリジオイルについても研究が進められている。

---

### DATA

名称　ボリジオイル、ボラージオイル、ルリジサ油、ボリジシードオイル、ルリジサ種子油
使用部位　種子
抽出方法　低温圧搾法
香り　草に似た独特の香り
色　ほぼ無色〜薄い黄色
使用方法　美容、薬用
効能（期待）　創傷治癒、保湿、抗炎症、老化防止、アレルギー・アトピー性皮膚炎緩和、ホルモンバランス調整、美肌、抗うつ、血流改善、強壮など

## 特徴

草に似た独特の香りがあり、やや高い粘性を持つ。最大の特徴は、必須脂肪酸のひとつであるγ-リノレン酸を20%以上含む点だが、このために不安定で破壊されやすい性質があり、非常に酸化しやすい一面も。酸化防止剤としてウィートジャームオイル（小麦胚芽油）を加え、ガラス製の遮光瓶に入れ冷蔵庫で保存し、早めに使いきるとよい。

## 主成分

- ・リノール酸　・γ-リノレン酸　・オレイン酸
- ・パルミチン酸　・ビタミンA　・ビタミンD

▲全草が白い毛で覆われているボリジ。

## 効能

▼オイルの原料となる種子。

### ❀ 美肌効果

γ-リノレン酸が肌の水分量を増やし乾燥や炎症などの改善に役立つ。

### ❀ アトピー＆アレルギー症状改善

γ-リノレン酸の働きで、アトピーなどによる皮膚の炎症の軽減が期待できる。

### ❀ ホルモンバランス調整

γ-リノレン酸が女性ホルモンのバランスを調整することで、PMS、生理痛、更年期障害などの女性特有の症状を和らげる効果が期待できる。

## 使用方法

### ❀ ニキビ用の美容オイルとして

洗顔後、少量のボリジオイルを手に取って、ニキビや吹き出物など、特に炎症が気になる部分に塗っておくと、γ-リノレン酸の働きにより炎症部分が修復し、保湿・保護する美容オイルとして使うことができる。

▶ソフトカプセルのサプリメント。

### ❀ サプリメントとして

皮膚トラブルや女性特有の症状の改善に役立つ。使用方法を守って服用すること。

### ❀ マッサージオイルとして

粘性がやや高いことから、ホホバオイルなどほかのキャリアオイルに10〜20%程度の割合で加えると、より使いやすくなる。保湿効果や美肌効果のほか、リラックス作用や強壮作用なども期待できる。

▲ほぼ透明なタイプのボリジオイル。

アカサタナハマヤラワ

105

# Macadamia Nut Oil
## マカダミアナッツオイル

パルミトオレイン酸高含有！ エイジングケアに最適なオイル

▲殻付きのマカダミアナッツと、その種子から抽出されたオイル。

オーストラリア原産のヤマモガシ科の常緑樹マカダミア。その殻果（ナッツ）はマカダミアナッツと呼ばれ、主に菓子の材料として食用になる。

このマカダミアナッツは全体の約75％が脂肪で、これを圧搾して得られるのがマカダミアナッツオイルだ。ほのかなナッツの香りと自然な甘味があり食用にな

るほか、「バニシングオイル（消えて見えなくなる油）」と呼ばれるほどの浸透性の高さからキャリアオイルとしても人気だ。

また、別名「若さの脂肪酸」と呼ばれ、高い抗酸化作用や豊富な栄養素、そして浸透性の高さといった面から、特にエイジングケアに期待できるオイルとして注目されている。

### DATA

名称　マカダミアナッツオイル、マカデミアナッツオイル、マカダミアオイル
使用部位　果実
抽出方法　低温圧搾法、圧搾法
香り　ほのかなナッツの香り（未精製）、無臭（精製）
色　黄色（未精製）、無色（精製）
使用方法　美容、食用
効能（期待）　保湿、皮膚軟化、創傷治癒、鎮静、緩下、美肌、血流改善、糖尿病予防、脳卒中予防など

### 特徴

ほのかなナッツの香りや特有の甘味があり、酸化や熱にも強く、サラリした質感。最大の特徴はパルミトレイン酸の含有率の高さで、非常に浸透性が高いとされる。

### 使用方法

最も効果が感じられるのは、直接肌に塗る方法とされる。そのまま単独で全身に使用できるほか、ハンドクリームにも。

▲乾燥した肌に潤いを与える。

# Mustard Oil

## マスタードオイル

### ピリッとした刺激が特徴のインドの伝統オイル

▲シロガラシの花と種子。

アブラナ科の植物であるカラシナとシロガラシ。その種子や粉末はマスタードの原料となり、ハーブやスパイスを配合した数多くのマスタードが世界各地に存在する。

この種子には約30％の脂肪分があり、これを圧搾して得られるのがマスタードオイルだ。独特のピリッとした風味を生かし、インドをはじめネパールやバングラデシュなどで古くから家庭料理に使われてきた伝統的なオイルだ。

また、インドの伝統医学アーユルヴェーダでも心身を鎮静させるとして、マッサージなどに利用されてきた。ただし、エルカ酸の含有率が高いことから、欧米では食用には使用されていない。

---

**特徴**　マスタード独特の辛味と風味があり、色は黄色〜茶色。酸化には強いが、エルカ酸が42％と高濃度なことから、欧米ではマッサージオイルとして使われる。

**使用方法**

マスタードオイルで頭皮のマッサージをすると育毛促進のほか、白髪や抜け毛の予防につながる。

▲髪と頭皮を健康に保つ。

---

### DATA

名称　マスタードオイル、マスタードシードオイル
使用部位　種子
抽出方法　低温圧搾法
香り　独特な刺激のある香り
色　黄色〜茶色
使用方法　食用、美容、薬用
効能（期待）　抗酸化、抗菌、抗炎症、創傷治癒、鎮痛、鎮痒、育毛、消化促進、血流改善、保湿、歯肉炎・歯周病予防、鼻炎改善など

# Mango Butter

## マンゴーバター

### エモリエント作用に優れた扱いやすいバター

▲マンゴーとマンゴーバター。常温では半固形形なためバターの名が付く。

アカサタナハマヤラワ

トロピカルフルーツの代表格マンゴーは、ウルシ科の常緑大高木。ミャンマーとインドの国境地帯で約4000年前から栽培され、仏教では「聖なる樹」、ヒンドゥー教では万物を支配する神「プラジャーパティ」の化身とされてきた。中国ではマンゴーの果実を乾燥させた生薬を「檬果」と称し、咳止めや胃弱、利尿作用などに用いる。

マンゴーバターは、マンゴーの種から低温圧搾で抽出される油脂。融点は約31度で、肌に触れると自然と溶け、肌にすっとなじんで浸透する。シアバターとよく似ているが、シアバターよりも少し固く、つぶつぶとした感触があるのが特徴だ。オレイン酸とステアリン酸が豊富に含まれており、肌を柔らかくするエモリエント作用と保湿力に優れているので、固くなった角質ケアに最適である。また、マンゴーバターには抗炎症作用や抗酸化作用を持つ天然のポリフェノールマンギフェリンが含まれており、エイジングケアにも役立つ。

低刺激で敏感肌の人も使えるが、ウルシアレルギーの人は使用を控えること。

---

### DATA

名称　マンゴーバター、マンゴーカーネルバター、マンゴー種子油
使用部位　種子
抽出方法　低温圧搾法
香り　ほぼ無臭
色　黄みがかった白
使用方法　食用、美容、薬用
効能（期待）　保湿、抗酸化、抗炎症、老化防止、皮膚軟化、美肌など

## 特徴

オレイン酸とステアリン酸、パルミチン酸が主成分の黄色がかった油脂で酸化しづらい。ベタつかず、肌に浸透しやすいため、使い勝手が良いのも特徴。また、ケイ皮酸化合物が紫外線B波を吸収するため、日焼け止め効果が期待できる。

## 主成分

・オレイン酸　・ステアリン酸　・パルミチン酸
・ビタミンA　　・ビタミンC　　・ビタミンE

▲網を使って収穫されるマンゴー。

## 効能

▼マンゴーの断面。

### ❈ 皮膚の軟化効果

皮膚の水分蒸発を抑え、肌を柔らかくする効果がある。

### ❈ 小ジワを目立たなくする

マンギフェリンにより、小ジワを目立たなくする効果が期待できる。

### ❈ 紫外線のダメージ防止

シミの原因となる紫外線B波のダメージを防止する効果があるとされ、サンオイルとして塗ると、きれいに日焼けできる。

## 使用方法

### ❈ シュガースクラブに

マンゴーバターと粗めの砂糖をよく混ぜればスクラブに。少量を手にとって、肌の乾燥した部分を中心に円を描くようにやさしく塗りこみ、ぬるま湯で洗い流して終了。古くなった角質除去や保湿効果があるとされる。毎日スクラブをすると肌に負担がかかるので、週に1、2回の使用がおすすめ。

▲マンゴーバターと砂糖を混ぜた手作りスクラブ。

### ❈ 手作り石けんに

保湿効果に優れているとされるため、しっとりマイルドな洗い上がりに。秋や冬はもちろん、紫外線や冷房の影響で肌の乾燥が気になる夏にもおすすめ。マンゴーバターは柔らかいため、ココナッツオイルやパームオイル、シアバターなどと組み合わせて作るのが一般的。残念ながらマンゴーの甘い香りはしないので、エッセンシャルオイルを数滴垂らして好みの香りにするのもよい。

▲マンゴーバターが配合された手作り石けん。

# Milk Thistle Oil
## ミルクシスルオイル

薬用ハーブとして人気のデトックス効果が期待できるオイル

▲多くのヨーロッパ諸国でオオアザミは「聖母マリアの贈り物」とされ、「マリアアザミ」とも呼ばれる。

南ヨーロッパからアジアが原産のキク科の植物オオアザミは、葉にミルクをこぼしたような白い模様があることから英名で「ミルクシスル」と呼ばれる。若い葉や皮をむいた茎は野菜として食され、果実はハーブティーとして飲用される。

種子に含まれるシリマリンという成分には肝細胞を再生する働きがあり、ヨーロッパでは2000年前から民間薬として肝疾患の治療に用いられてきた。また、毒ヘビに噛まれた際や毒キノコ中毒の解毒にも使われてきた。現在は、肝機能を守るサプリメントとして、アルコールを多く摂取する人を中心に、人気が高まっている。

ミルクシスルオイルはあまり市場には出回っていないが、シリマリンには抗酸化作用があり、真皮のコラーゲンを増やし、肌のシワや弾力性を改善する働きがあることから、化粧品の配合成分として注目されている。また、抗菌および抗炎症作用があるので、ニキビや酒さ、湿疹などの悩みを持つ人には特におすすめ。オイルの塗布とサプリメントと併用することで、効果の向上が期待できる。

---

### DATA

名称　ミルクシスルオイル、オオアザミオイル、マリアアザミオイル
使用部位　種子
抽出方法　低温圧搾法
香り　ほのかな香り
色　黄色
使用方法　食用、美容、薬用
効能（期待）　肝機能改善、糖尿病予防、消化不良改善、保湿、抗酸化、抗菌、抗炎症、美肌など

ア
カ
サ
タ
ナ
ハ
マ
ヤ
ラ
ワ

## 特徴

最大の特徴は、シリマリンというフラボノイド（ポリフェノールの一種）が多く含まれている点。肝臓内のグルタチオン値を上昇させ、解毒酵素の生成を活性化する働きがあるため、肝機能を高めるとともに美肌効果が期待できる。また、糖尿病や消化不良の改善にもよいとされる。

## 主成分

・オレイン酸　　・パルミチン酸　　・ビタミンE
・リノール酸　　・ビタミンC

▲医療用ハーブとして有名なオオアザミ。

## 効能

▼小さな種子からオイルが搾油できる。

❀ **肌再生効果**

やけどや切り傷、かゆみや湿疹など、皮膚が再生する助ける。

❀ **美肌効果**

グルタチオンの生成が促されるため、シミの予防や改善に効果的とされる。

❀ **肝機能のサポート**

経口摂取することで、肝細胞の修復と保護を促す。アセトアミノフェンなどによる薬物性肝炎の予防にも役立つとされる。

## 使用方法

❀ **サプリメントとして**

ミルクシスルエキス配合のサプリメント。肝機能を高め、胆汁の分泌を促す効果があるとされ、アルコール性肝障害、肝炎、肝硬変など肝疾患の改善をサポートが期待できる。また、体内で合成される抗酸化物質、グルタチオンの生成を促すとともに、活性酸素を抑制する働きがあることから、動脈硬化や糖尿病といった生活習慣病の予防に役立つ。

▲シリマリンの名前で販売されていることも多い。

▲ほかのキャリアオイルとも相性がよく、混ぜやすい。

❀ **スキンケアに**

顔全体に使用する場合は、オリーブオイルやアーモンドオイルなどに混ぜて使用する。保湿クリームや美容液、日焼け止めなどさまざまな化粧品用途に適している。

❀ **ヘアケアに**

紫外線のダメージや環境汚染物質から頭皮と髪を保護する。また、細胞の再生を改善する働きにより、髪の成長を促し、抜け毛予防にも効果的。

# Cottonseed Oil
## 綿実油（コットンシードオイル）

### ビタミンEたっぷりの高級食用油

▲綿花の種子から作られる綿実油。

世界各地の熱帯や亜熱帯地域を原産とし、約40種ほどが存在するアオイ科ワタ属の多年草、ワタ（コットン）。繊維に包まれた種子からは衣類の原料となる「木綿（コットン）」が採れ、数千年前のインダス文明の時代にはすでに栽培されていたという歴史ある植物。

種子には25％ほどの油が含まれており、ここから得られるのが綿実油だ。一般家庭ではあまりなじみがないものの、安価でクセがなく、酸化や加熱にも強いという利点から、石けんやクリームなどの化粧品、潤滑剤や除光液、サラダ油のほか、加熱後に冷めても風味が落ちにくいことから、缶詰や冷凍食品、マヨネーズ、マーガリンといった加工食品など、世界中でさまざまな原料として使われる。また、

上品な風味とまろやかな味わいがあり、ホテルや高級レストランなどでも採用されている。

なお、綿実油の抽出方法については、高温圧搾や溶剤抽出法で抽出された後、高度に精製されているものがほとんどであることから、なるべく品質の良い製品を見極めて選ぶとよいだろう。

---

### DATA

名称　綿実油、コットンシードオイル、綿油
使用部位　種子
抽出方法　圧搾法、溶剤抽出法、低温圧搾法
香り　ほぼ無臭
色　淡い黄色
使用方法　食用、工業用
効能（期待）　抗酸化、老化防止、ホルモンバランス調整、美肌、血流改善、生活習慣病予防、疲労回復など

---

## 特徴

ほぼ無臭でクセがなく、ビタミンEが豊富に含まれるため、酸化に強いのが特徴。発煙点は約230℃で、加熱調理にも強い。一方、高温圧搾または溶剤抽出法で抽出後、高度に精製された製品がほとんどで、栄養分が損なわれたり有害物質が含まれる可能性や、遺伝子組み換えの品種が原料となっている場合もある。また、綿には精巣毒や溶血性貧血の原因になるといわれるゴシポールという成分が含まれるほか、生活習慣病のリスクが上昇するとされるリノール酸の含有率も高い。ただし適量なら問題ないので、毎日の摂取や過剰摂取を避け、適量を意識して使用すること。

▲綿の実は「コットンボール」とも呼ばれる。

## 主成分

・リノール酸　・パルミチン酸　・オレイン酸
・ビタミンE　・ビタミンK　・コリン

▲綿毛に覆われた種子。

## 効能

### ❀ 疲労回復効果

植物性ワックスの一種であるオクタコサノールに運動機能を高める働きがあり、疲労回復に効果が期待できる。

### ❀ ホルモンバランス調整作用

ビタミンEが女性ホルモンのバランスを調整し、生理痛や生理不順、PMS（月経前症候群）の改善が期待できる。

### ❀ 血流改善効果

ビタミンEが毛細血管を拡張させて血流をよくし、冷えや肩こり、頭痛などの血行不良に由来する症状の緩和に役立つ。

ア
カ
サ
タ
ナ
ハ
マ
ヤ
ラ
ワ

## 使用方法

### ❀ さまざまな料理の隠し味に

ほかのオイルと比べてさっぱりとしてクセがないので、生食はもちろん、焼き菓子や揚げ物まで幅広く使える。上品な風味とまろやかな味わいも特徴で、普段の料理の隠し味として使えば、ワンランクアップした仕上がりに。また、油切れがよく、サクッと揚がることから、天ぷら専門店や料亭、高級レストランでも使われている。ドレッシングの材料にもおすすめ。

【上】マヨネーズの原料に綿実油を用いることで、さっぱりとした口当たりになる。【下】たっぷりの綿実油で揚げるドーナツ。

# Moringa Oil
## モリンガオイル

スーパーフードから採れる美肌効果が高いとされる高級オイル

▲「奇跡の木」と呼ばれるほど高い栄養価があるモリンガ。

ア
カ
サ
タ
ナ
ハ
マ
ヤ
ラ
ワ

モリンガ（ワサビノキ）とは、インド北西部のヒマラヤ山脈を原産とし、熱帯・亜熱帯地域で栽培されている樹木だ。野菜として食されるほか、インドの伝統医学アーユルヴェーダではさまざまな効能を持つ薬草として利用される。また、バランスの取れた豊富な栄養分を含むため、スーパーフードとしても注目されている。

その種子から搾油されるオイルは、古代エジプトのクレオパトラも愛用していたなど、古くから自生地やヨーロッパで化粧用の高級油として使われていた。

現在では、食用やバイオ燃料としても利用されるが、特に強い抗酸化作用や美容効果の期待などから、高級化粧品やヘアケア製品などに用いられることが多い。

## DATA

名称　モリンガオイル、モリンガシードオイル、ワサビノキ種子油、ベンオイル、ベン油
使用部位　種子
抽出方法　低温圧搾法など
香り　ほぼ無臭
色　淡い黄色
使用方法　美容、食用、工業用
効能（期待）　抗酸化、抗炎症、皮膚軟化、保湿、瘢痕形成、抗菌、老化防止、鎮痛、美髪、美肌など

### 特徴

ほぼ無臭でクセがなく、サラサラとした質感。最大の特徴は、乳化作用を持つベヘン酸を含む点で、水分とオイルを乳化させ肌に導入させるブースターの役目を果たす。

### 使用方法

マッサージオイルとして、保湿やエイジングケア、ニキビや湿疹の緩和、関節の痛みや腫れ、炎症に。

▲葉を粉末にしたモリンガパウダー。

# Raspberry Seed Oil

ラズベリーシードオイル

優れた紫外線防止効果が期待できる、天然の日焼け止め

▲ラズベリーシードオイルには果実のような甘酸っぱい香りはない。

　ヨーロッパや北アメリカを原産とし、今では世界各地にさまざまな栽培品種が存在するバラ科キイチゴ属の低木、ラズベリー。果実には優れた風味や甘味、酸味があり、ジャムや洋菓子、ジュース、リキュールなどによく用いられる。

　ラズベリーシードオイルは、ラズベリーの種子から採れるオイルで、低温圧搾法や溶剤抽出法で抽出される。抗酸化作用や人の肌に欠かせないセラミドに最も近い成分「ラズベリーセラミド」があり、高い美容効果が期待できるとして主に美容面で利用されるほか、高い紫外線吸収効果があるとされることから日焼け止めも期待できる。ただし、油焼けする可能性があるため、扱いには注意が必要だ。

---

| 特徴 | 黄色くこってりとした質感で、土臭いような独特な香り。植物油でトップクラスのビタミンE含有量、28〜50のSPF値（PA値++）、ラズベリーセラミドなどの成分が特徴。 |

## 使用方法

単体でも日焼け止めとして使用できるが、油焼け防止のために、上から市販の日焼け止めを塗るとベター。

▲肌への負担が少ない。

### DATA

名称　ラズベリーシードオイル、ラズベリーオイル、レッドラズベリーシードオイル、ラズベリー種子油、ヨーロッパキイチゴ種子油
使用部位　種子
抽出方法　低温圧搾法、溶剤抽出法
香り　土や草のような独特な香り
色　黄色　　使用方法　美容、食用
効能（期待）　紫外線防止、抗酸化、老化防止、美肌、保湿、抗炎症など

# Rapeseed Oil
## レイプシードオイル（菜種油）

**天ぷらとの相性抜群！ 身近な食用オイル**

▲セイヨウアブラナの花とレイプシードオイル。

ア
カ
サ
タ
ナ
ハ
マ
ヤ
ラ
ワ

北ヨーロッパからシベリアにかけての海岸地帯を原産とするアブラナ科の植物、セイヨウアブラナ。種子には35〜40％ほどの油脂が含まれることから、古くから油脂用植物として栽培されてきた。

現在では、パームオイル、大豆油に次いで世界で3番目に生産されている植物油となっている。特に日本においては最も多く生産されている身近な油であり、江戸時代には灯火用燃料としても利用された歴史を持つほか、天ぷらに使うと独特の風味が出るなど、日本をはじめ東アジアでは古くから食用とされてきた。

一方、人体に有害とされるエルカ酸やグルコシノレートを含むという理由から、アメリカでは食用が禁止されていたこともある。そこで生まれたのが、こうした有害な成分を含まないよう品種改良された「キャノーラ品種」から抽出されたキャノーラ油だ。

また、現在の製品は溶剤抽出法を用い高精製されたものが多く、遺伝子組み換えの原料が使用されている場合もあるため、昔ながらの低温圧搾法で抽出された未精製品を選ぶとよいだろう。

---

**DATA**

名称　菜種油、レイプシードオイル
使用部位　種子
抽出方法　低温圧搾法、溶剤抽出法など
香り　香ばしい独特の香り(未精製)、無臭(精製)
色　黄色
使用方法　食用
効能(期待)　コレステロール値低下、もの忘れ予防、抗酸化、抗血栓、骨粗しょう症予防、動脈硬化予防、老化防止など

## 特徴

あっさりとした風味で熱に強く酸化しづらいほか、油特有の匂いもないため、幅広い料理に使用できる。ただし、発がん作用などを引き起こすとされるエルカ酸を多く含む種類や、栄養分が失われる溶剤抽出法で抽出された高精製品、遺伝子組み換えの原料が使われた種類なども多く存在する。無エルカ酸品種から搾油されたものや、伝統的な低温圧搾法で抽出された未精製の高品質なオイルを選ぶとよいだろう。

【上】フランス北西部ノルマンディー地方の菜の花畑。【下】黒い種子が採れる。

## 主成分

・リノール酸　・オレイン酸　・α-リノレン酸
・パルミチン酸　・エルカ酸　・ビタミンE　・ビタミンK

## 効能

### ❁ 血中コレステロール値低下作用

高品質のオイルにはオレイン酸が多く含まれており、血中コレステロール値を下げて血栓の予防に役立つほか、心臓血管系を保護して心筋炎のリスクを低下させる効果が期待できる。

### ❁ 抗酸化作用

ビタミンEの抗酸化作用により、活性酸素の攻撃を抑制してがんや生活習慣病を予防する効果が期待できる。

### ❁ 骨の強化

ビタミンKが骨にカルシウムを沈着させて丈夫な骨を作ることで、骨折や骨粗しょう症の予防につながるとされる。

### ❁ 血流改善効果

α-リノレン酸が血液をサラサラにし、動脈硬化・脳梗塞・心筋梗塞・高血圧などの予防が期待できる。

## 使用方法

### ❁ 幅広い料理に

あっさりとした風味で油特有の匂いもあまりないため、油っぽさが苦手な人でも使いやすいレイプシードオイル。ドレッシングにも使いやすいほか、加熱しても酸化しにくく、特に野菜の天ぷらなどに使うと素材のおいしさがより際立っておすすめ。また、お菓子作りの際はバター代わりに使うと、しっとりとおいしい仕上がりに。

【左】レイプシードオイルで揚げたシソの天ぷら。【右】ホットケーキの生地にレイプシードオイルを加えて焼くと、しっとりとした焼き上がりになる。

# Rose Hip Oil
## ローズヒップオイル

### ビタミンCを豊富に含んだ美肌効果に期待できるオイル

▲戦時中のイギリスではビタミンC補給にも使われたというローズヒップオイル。

ローズヒップとはバラの花が咲いた後に付く果実の総称で、ビタミンやミネラル、カルシウムといった栄養素が豊富に含まれるほか、レモンの10倍以上といわれるビタミンC含有量から、「ビタミンCの爆弾」とも称される。このことから、ヨーロッパでは古くからハーブとして利用されてきた。なお、バラには数多くの品種があるが、特にローズヒップ生産のためにはアンデス山脈附近の山岳地帯に自生するイヌバラ(ドッグローズ)などが使用される。

ローズヒップオイルは、このローズヒップの中にある硬い殻に包まれた種子から抽出される。種子を乾燥・粉砕した後、低温圧搾法で抽出された未精製品のほか、溶剤抽出法を用いた精製品があり、それぞれの成分や性質に違いがある。

果実と同様に豊富な栄養素を含み、ヨーロッパでは民間薬として切り傷や、やけどの治療に使われてきたほか、食用油としてジャムなどにも用いられる。近年では特にその美容効果の高さへの期待から、フェイシャルクリームの原料などに広く使用されている。

---

### DATA

名称　ローズヒップオイル
使用部位　種子
抽出方法　低温圧搾法、溶剤抽出法
香り　草のような渋味のある独特の香り
色　黄色〜オレンジ色
使用方法　食用、美容、薬用
効能(期待)　皮膚再生、皮膚軟化、創傷治癒、抗炎症、老化防止、保湿、収れん、美肌、抗菌など

---

アカサタナハマヤラワ

## 特徴

草木などに例えられる渋味のある独特の香りがあり、果実に含まれるカロテノイドの影響でやや赤みがかった色。ビタミンCをはじめ栄養豊富だが、非常に酸化しやすいという欠点も。

## 主成分

・リノール酸　・α-リノレン酸　・オレイン酸
・パルミチン酸　・ビタミンC　・β-カロテン（ビタミンA）

▲ドッグローズは高さ2～4mほどの低木で、約5cmほどのピンク色の花を咲かせる。

## 効能

### ❀ 美肌効果

ビタミンCがメラニンの生成を抑えてシミを予防し、コラーゲンの生成を助ける効果が期待される。

### ❀ エイジングケア

β-カロテン（ビタミンA）やビタミンCの働きによりシワを改善し、皮膚の衰えの回復が期待できる。

### ❀ 皮膚再生・創傷治癒作用

リノール酸などの必須脂肪酸が皮膚を再生させ、ケガなどの瘢痕の治癒に役立つ。また、肌のターンオーバーを早め、ニキビなどの炎症を鎮める効果が期待でき、健康的な肌を保つ。

▲ローズヒップはやや酸味があるが、そのまま食べることができる。

## 使用方法

### ❀ 手作り石けんに

石けんの材料にすることで、ビタミンCたっぷりの美肌石けんに。ピンク色に着色するローズクレイやドライローズヒップを混ぜ込むのもおすすめ。

### ❀ フェイシャルマッサージに

2、3滴のオイルを指先で温めてからフェイシャルマッサージをすると、肌の再生を促進し、ニキビなどのトラブルを改善する効果が期待できる。

### ❀ 美容オイルとして

フェイシャルケアの最後に、数滴手に取ってからシワや乾燥などが気になる部分に塗れば、美容オイルにも。

【上】ピンク色の見た目も綺麗な手作り石けん。
【下】ローズヒップオイルとラベンダーを配合したボディクリーム。

# Laurus Oil
## ローレルオイル

### 精油成分も含む香り高い高級オイル

▲鮮やかな黄色のローレルオイル。

アカサタナハマヤラワ

　地中海沿岸を原産とするクスノキ科の常緑高木、ゲッケイジュ（月桂樹、ローレル）。芳香を持つ葉にはシネオールなど抗菌効果が期待できる精油成分が含まれ、古代から薬草として利用されてきたほか、古代ギリシャでは若枝を編んだ「月桂冠」が勝利と栄光のシンボルとされていた。

　葉を乾燥させたものは「ローレル（ローリエ、ベイリーフ）」と呼び、スパイスとして料理などに利用されるほか、葉から抽出される精油はアロマテラピーなどでも利用されている。そして、黒い果実には30〜40％の脂肪分と約1％の精油成分があり、これを搾って得られるのがローレルオイルだ。この精油成分により、スパイシーな強い芳香を持つのも特徴だ。

　ローレルオイルは主に地中海沿岸やトルコ、シリアで生産されているが、山林に自生するゲッケイジュの木から落ちた果実のみを拾い集めて油を抽出することから収穫量が少なく、貴重で高価なオイルとされている。生産地では古くから薬用や芳香剤のほか、マッサージオイルや頭皮ケアオイルとして使われるが、大半は石けんの原料として利用される。

---

### DATA

名称　ローレルオイル、月桂樹油
使用部位　果実
抽出方法　低温圧搾法
香り　スパイシーでウッディな香り
色　濃い緑色〜濃い黄色
使用方法　美容、薬用
効能（期待）　抗菌、抗ウイルス、防腐、美肌、消臭、強壮、鎮痛、フケ防止、保湿、コレステロール値低下、抗炎症、免疫力向上、抗酸化、鎮静など

## 特徴

茶色がかった緑色〜黄色で、β-オシメン、シネオール、α-ピネンなどの精油成分に由来する、スパイシーな芳香が特徴。母乳にも含まれるラウリン酸や精油成分の働きにより、特に抗菌作用が期待できる。

## 主成分

- ・オレイン酸　・ラウリン酸　・リノール酸
- ・パルミチン酸　・β-オシメン　・シネオール
- ・α-ピネン

▲オリーブに似た黒い小さな果実。

## 効能

### ❀ 抗菌・抗ウイルス効果

ラウリン酸と精油成分の抗菌・抗ウイルス作用により、体内に侵入してくる細菌や病原菌を退治する効果が期待できる。

### ❀ コレステロール値低下作用

オレイン酸とリノール酸がコレステロール値を下げ、動脈硬化や心疾患の予防が期待できる。

### ❀ フケ防止・育毛効果

オレイン酸の保湿効果で頭皮の乾燥を予防し、ラウリン酸や精油成分の抗菌作用でフケ防止や育毛促進に効果が期待できる。

### ❀ 免疫力向上効果

ラウリン酸が免疫力を高め、細胞の働きを整えてくれることが期待できる。

▲春に黄色い花を咲かせるローレル。

## 使用方法

### ❀ 万能手作り石けんに

オリーブオイルにローレルオイルをブレンドして石けんを作ると、香り豊かな固い石けんに仕上がる。身体や顔はもちろん、シャンプーとしても使用でき、かゆみやフケを抑えて健康な頭皮へと導く。また、食器用洗剤として使うと、油汚れもよく落ち手荒れも防ぐほか、防虫・抗菌効果を期待してクローゼットに置いておくのもおすすめ。

▲ローレルオイルとオリーブオイルを配合した石けん。ローレルオイルの割合が高いほどさっぱりとした使用感になる。

◀アロマオイルとしても人気のローレルオイル。

# 動物性油脂
## *Animal Oil and Fat*

## 魚油（フィッシュオイル）

魚油とは、原料となるイワシやサンマなどの魚を煮詰め、煮汁の中から油を分離したもの。不飽和脂肪酸が多く含まれているため融点が低く、常温で液体である。オメガ3系脂肪酸のEPAとDHAが多く含まれており、動脈硬化や糖尿病といった生活習慣病を予防するサプリメントとして人気がある。

▲イワシと魚油のサプリメント。

### DATA

名称　魚油、フィッシュオイル
原料　イワシ、サンマ、サバなど
色　黄色
主な用途　マーガリンやショートニングの原料、サプリメントなど
効能（期待）　生活習慣病用、抗ストレス、抗炎症、抗アレルギー、もの忘れ予防など

**主成分**
・パルミチン酸　・ステアリン酸
・エイコサペンタエン酸（EPA）
・ドコサヘキサエン酸（DHA）

**使用方法**
調理に使用する際は、魚油単体だと魚臭さがあるので、レモンなど風味付けされたものを使うとよい。特にエスニック料理との相性が良い。

## クリルオイル

エビによく似た甲殻類のプランクトン、ナンキョクオキアミから抽出される油。ナンキョクオキアミは、クジラやアザラシなど南極海に生息する生物のエネルギー源で、オメガ3系脂肪酸と抗酸化成分アスタキサンチンを豊富に含んでいる。魚油とは異なり、水に溶けやすい性質を持っていることから体内への吸収率が高いという特徴がある。

▲赤色の天然色素の一種アスタキサンチンを多く含む。

### DATA

名称　クリルオイル
原料　ナンキョクオキアミ
色　赤
主な用途　サプリメント
効能（期待）　生活習慣病用、抗ストレス、抗炎症、抗アレルギー、もの忘れ予防、PMS（月経前症候群）の改善など

# スクワランオイル

▲ハンマー型の頭部が特徴のシュモクザメ。スクワレンはさまざまな深海サメの肝臓から得られる。

浮袋を持たない深海のサメは、代わりに油で満たされた大きな肝臓で浮力を保つ。この肝油に多く含まれるスクワレンは不飽和脂肪酸の一種で、免疫反応を高める効果や新陳代謝を活発にする効果があるとされることから、ワクチンの成分や健康食品として使用されている。また、スクワレンはヒトの皮脂にも含まれており、皮膚の水分量を保ち、肌を柔らかくする働きを持つ。スクワランオイルは、スクワレンに水素添加を行い酸化しにくい状態にしたもので、保湿力と皮膚への浸透性が高く、エモリエント効果に優れているため、美容オイルとして人気が高い。

▲ベタつかず、サラッとしている。

---

特徴　肌なじみがよく、低刺激。オリーブオイルやアボカドオイルなど、植物由来のスクワランオイルもある。

使用方法

化粧水を顔全体になじませた後、数滴手のひらに垂らして顔全体にやさしく伸ばす。すべての肌タイプに使える。

▲スクワレンのサプリメント。

### DATA

名称　スクワランオイル
原料　深海サメの肝臓
色　無色透明
主な用途　ワクチン、サプリメント、化粧品など
効能（期待）　新陳代謝活性化、免疫機能向上、肝機能改善、抗酸化、保湿、皮膚軟化、美肌、老化防止など

# ギー

▲アーユルヴェーダにおいて、油の中で「最も浄化された油」とされるギー。

ギーとはインド発祥のバターオイルのことで、「マカーン」と呼ばれる発酵無塩バターを煮て溶かし、沈殿物を取り除いて作られる。古来より、アーユルヴェーダや宗教祭儀などに用いられてきた。特徴は独特の香ばしい香りで、腐りにくく常温での保存も

▲チャパティにギーを塗る様子。

可能。バターと比較すると、オメガ6系のリノール酸が少なく、脂肪になりにくい中鎖脂肪酸が多く含まれている。また、乳製品特有の成分であるブチル酸が多く含まれていることから、ビフィズス菌などの善玉菌や免疫細胞を増やす効果が期待できる。脂溶性ビタミンも豊富で、健康的かつ万能なオイルだ。

## 特徴

特有の香りがある。加熱処理によってカゼインとラクトース（乳糖）が除去されているため、乳糖不耐症の人でも摂取できる。

## 使用方法

調理油のほか、美容オイルやマッサージオイルとしても。抗炎症作用があるので、塗り薬としても使用できる。

▲痛みがある部分にはやさしく塗る。

### DATA

名称　ギー
原料　バター
色　黄色
主な用途　調理油、外用薬、化粧品など
効能（期待）　ダイエット、免疫機能向上、消化機能改善、眼精疲労改善、便秘解消、抗酸化、抗炎症、滋養強壮、保湿、傷の治癒、美肌など

# 馬油

馬の皮下脂肪を原料とする動物性油。起源は定かではないが、5〜6世紀頃の中国の医学書「名医別録」に馬油の利用法が記されており、古くから皮膚疾患の外用薬として使われていたことがわかる。主成分はオレイン酸で、リノール酸とα-リノレン酸も多く含まれており、皮膚浸透性とエモリエント効果に期待できる。

▲たてがみから良質な脂肪が摂れる。

## DATA

名称　馬油
原料　馬の脂肪
色　白〜薄い黄色
主な用途　化粧品など
効能（期待）　抗酸化、抗菌、抗炎症、保湿、皮膚軟化、傷の治癒、美肌、美髪など

| 主成分 | ・オレイン酸　・パルミチン酸 ・リノール酸　・α-リノレン酸 ・パルミトレイン酸 |
|---|---|

**使用方法**　低刺激なので、赤ちゃんから大人まで幅広く使うことができる。開封したら冷蔵保存し、早めに使い切ること。軽めのメイクや皮脂汚れも落とすことができるので、クレンジングオイルとして使用するのもよい。

# ラード

豚の腹部など、脂肪の多い部位から得られる半固体の油で、揚げ物や炒め物のほか、製菓によく使用される。飽和脂肪酸の含有量が高いため、調理で加熱しても煙が少なく、独特のコクと風味が得られる。また、ラードはヒトの皮脂の脂肪酸組成に似ているので肌なじみがよく、保湿クリームとして使用することもできる。

▲融点は28〜48℃で、室温では柔らかい。

## DATA

名称　ラード、豚油
原料　豚の脂肪
色　白
主な用途　マーガリンやショートニングの原料、調理油、切削油など
効能（期待）　消化機能改善、便秘解消、皮膚軟化、美肌、保湿など

| 主成分 | ・オレイン酸　・パルミチン酸 ・ステアリン酸　・リノール酸 ・ビタミンD |
|---|---|

**使用方法**　台湾や香港では、ご飯の上にラードをのせ、しょうゆをかけた「ラードご飯」が食べられている。昔から畑作業の合間に食べられていた庶民の味だ。

▼ラードご飯。

## Oil for Cooking

# オイルと食

体を健康に導くオイル。オイルの基本がわかったところで、早速、オイルを使った料理を作ってみよう。

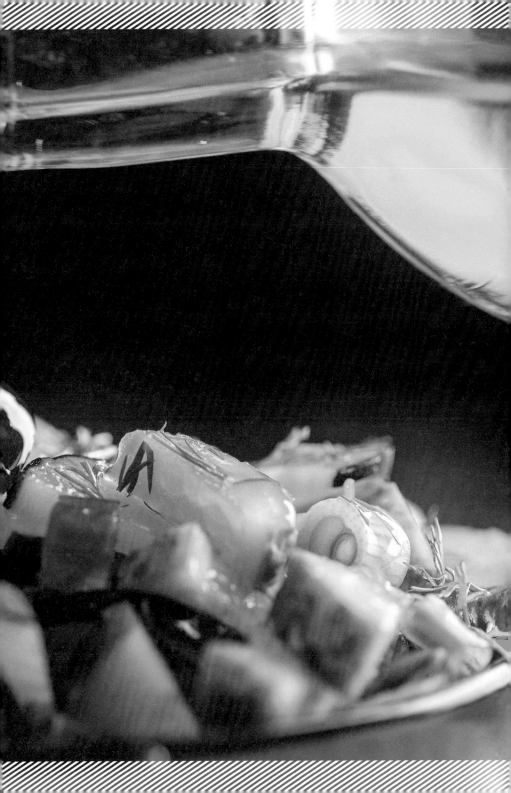

# トマトのブルスケッタ【フラックスシードオイル（亜麻仁油）】

## ◦ 作り方 ◦

1. 1cm角に切ったミニトマト、フラックスシードオイル、塩、黒コショウを混ぜ合わせ、冷蔵庫で冷やす。ミニトマトの水分量が多い場合は、ざるにあげて水気を切っておく

2. バゲットにバターを薄く塗り、トースターでこんがりと焼く。焼きあがったらニンニクの切り口をこすりつける

3. 2のバゲットに1をのせる

4. バジルと粉チーズをトッピングしたら完成。バジルがない場合はイタリアンパセリでもOK

### 材料

- ●ミニトマト … 1/4カップ
- ●フラックスシードオイル … 1/4カップ
- ●塩 … 適量
- ●黒コショウ … 適量
- ●ニンニク … 1かけ
- ●バター … 適量
- ●バジル … 適量
- ●粉チーズ … 少々
- ●バゲット … 適量

### NOTE
バジルとニンニクは新鮮な生のものを使うこと。

◀生ハムを使用したブルスケッタ。フルーツやゆで卵、アボカドやエビなど、好みの具材をのせてアレンジを楽しんで。見た目にもおいしく、前菜やおつまみに最適。

▲フラックスシードオイルは酸化しやすく、加熱すると独特の匂いが出るため、バゲットを焼く際はバターを使用すること。粉チーズはパルミジャーノ・レッジャーノなどのハードチーズがおすすめ。

# ◈ レモンとアボカドオイルのドレッシング【アボカドオイル】

▲マイルドな風味のアボカドオイルは、レモンドレッシングのベースとして最適。フレッシュサラダやパスタサラダによく合い、使い勝手の良いドレッシングだ。

## ◦ 作り方 ◦

1. 容器に搾ったレモンを入れ、レモンの皮とみじん切りにしたニンニク半量を加える
2. 1にアボカドオイルと粒マスタード、塩、黒コショウとオレガノを加え、容器のふたをしっかりと閉めてよく振り乳化させる
3. 味を見て、残りのニンニクを加える。酸味が気になる場合は、砂糖やハチミツを加えて調整する。好みの味になったら完成。残りのドレッシングは冷蔵庫で約一週間の保存が可能

### 材料

- ●アボカドオイル … 1/4カップ
- ●レモン汁 … 1/2個
- ●レモンの皮 … 小さじ1/4
- ●ニンニク … 2かけ
- ●粒マスタード … 大さじ2
- ●塩 … 適量
- ●黒コショウ … 適量
- ●乾燥オレガノ … 小さじ1/4

◀アボカドとナッツ、ミニトマトと数種類のリーフが入った新鮮なサラダ。レモンとアボカドオイルのドレッシングの爽やかな酸味がサラダをよりいっそうおいしくする。

### NOTE

レモン汁とニンニクは新鮮なものを使うこと。黒コショウは挽き立てのものを使用。

## ✦✧ アヒージョ【オリーブオイル】

▲オリーブオイルとニンニクで煮込んで作るスペイン南部の伝統的な小皿料理。「カスエラ」と呼ばれるアヒージョ用の鍋がない場合は、ミルクパンや土鍋、タコ焼き器型のホットプレートなどで代用できる。

### ◦ 作り方 ◦

1. マッシュルームとミニトマトを半分に切っておく。ニンニクと赤唐辛子、イタリアンパセリはみじん切りにする
2. 鍋にオリーブオイルとバター、1のニンニクと赤唐辛子、塩を入れ、弱火にかける
3. ニンニクの香りが立ったら白ワインを入れる。白ワインが半量ぐらいになるまで強中火で加熱する
4. むきエビ、1のマッシュルームとミニトマトを入れ、中火で煮込む
5. 具材に火が通ったらイタリアンパセリを散らして出来上がり。お好みでレモン汁（分量外）をかけて

### 材料

- ●むきエビ … 8尾
- ●マッシュルーム … 8個
- ●ミニトマト … 2個
- ●オリーブオイル … 150ml
- ●白ワイン … 150ml
- ●バター … 10g
- ●ニンニク … 1〜2かけ
- ●赤唐辛子 … 1個
- ●塩 … 少々
- ●イタリアンパセリ … 適量

### NOTE
牡蠣や鶏肉、ブロッコリーなど、好みの具材でアレンジ可能。

◀砂肝とジャガイモのアヒージョ。砂肝のコリコリとした食感とジャガイモのホクホク感がたまらない。バゲットをオイルに浸して召し上がれ。

# オリーブオイルの種類

オリーブオイルは大きく分けて、エクストラ・ヴァージンオリーブオイル、ヴァージンオリーブオイル、オリーブオイルの3つに分けられ、さらにその中でもグループ分けをすると8つのカテゴリーに分類される。

| 分類 | 品質（等級） | 酸度 | 備考 |
|---|---|---|---|
| ヴァージンオリーブオイル（果実をそのまま搾ったもの） | エクストラ・ヴァージンオリーブオイル | 0.8%以下 | 完全で欠点のない味と香り、フルーティーさと酸味をもつ |
| | ファイン・ヴァージンオリーブオイル | 2%以下 | 若干の欠点が認められる |
| | オーディナリー・ヴァージンオリーブオイル | 3.3%以下 | 複数の欠点が認められる |
| | ランパンテ・ヴァージンオイリーブオイル | 3.3%以上 | 食用には不向きで精製する必要がある |
| 精製オリーブオイル（ランパンテまたは搾りかすの抽出オイルを精製したもの） | リファインド・オリーブオイル | 0.3%以下 | ランパンテを精製したもの |
| | リファインド・オリーブ・ポマースオイル | 0.3%以下 | 溶剤を使用してオイルを抽出したもの |
| オリーブオイル（精製オイルヴァージンオリーブオイルをブレンドしたもの） | ピュアオリーブオイル | 1.0%以下 | 精製オリーブオイルとヴァージンオイルのブレンド |
| | オリーブ・ポマースオイル | 1.0%以下 | オリーブ・ポマースオイルとヴァージンオイルのブレンド |

市場にはエクストラ・ヴァージンオリーブオイルとピュアオリーブオイルが多く出回っており、一般的にエクストラ・ヴァージンオリーブオイルは生食に、ピュアオリーブオイルは加熱調理にと使い分けられることが多い。

## エクストラ・ヴァージンオリーブオイル

- 化学的な処理を行わずに抽出された一番搾りのオリーブオイル
- オリーブオイル特有の豊かな香りと味わいが特徴
- ドレッシングやマリネ、パンに付けるなど、生食に適している

## ピュアオリーブオイル

- 精製したオリーブオイルにヴァージンオリーブオイルをブレンドしたもの
- 味や香りがマイルドで料理しやすい風味
- 焼く、炒める、揚げ物など、加熱調理に適している

# クリスピーチキン【マカダミアナッツオイル】

▲マカダミアナッツオイルは熱に強いので、揚げ物に向いている。ナッツの風味が香るクリスピーチキンは、子どもから大人まで大人気。

## ∘ 作り方 ∘

1. パン粉にパセリとパルメザンチーズを混ぜておく
2. スティック状に切った鶏ムネ肉に、塩とコショウ、チリパウダーをまぶして30分ほど寝かせる
3. 2の鶏ムネ肉に小麦粉をまぶし、溶き卵、1のパン粉の順にくぐらせる
3. 170℃に熱したマカダミアナッツオイルに3を入れ、こんがりと揚げる
4. 油を切り、器に盛り付けたら出来上がり。お好みでレモンやイタリアンパセリを添え、ケチャップソースやマスタードソースを付けて召し上がれ

### 材料

- ●鶏ムネ肉 … 500g
- ●パセリ … 大さじ1
- ●パルメザンチーズ … 大さじ1
- ●パン粉 … 40g
- ●溶き卵 … 1個分
- ●小麦粉 … 適量
- ●チリパウダー … 小さじ1/4〜1/2
- ●塩 … 小さじ1/4
- ●コショウ … 少々
- ●マカダミアナッツオイル … 適量

### NOTE
パン粉に砕いたコーンフレークを混ぜるとさらにサクサク

◀クリスピーチキンに合わせたいハーブマヨネーズ。マヨネーズと新鮮なハーブさえあれば簡単。おすすめのハーブは、チャービルやディル、バジルなど。レモン汁を加えてもよい。

# 豚肉とピーマンの中華炒め【ピーナッツオイル】

## ・作り方・

1. 豚肉は一口大に、ピーマンとパプリカ、玉ねぎは2cm角の色紙切りにする
2. 1の豚肉に片栗粉（分量外）をまぶす
3. フライパンでピーナッツオイルを強火で熱し、1のピーマン、パプリカ、玉ねぎを炒める。全体に油が回ったら取り出しておく
4. 再びフライパンを熱し、2の豚肉を炒める。豚肉に火が通ったら3を戻し入れ、オイスターソースと鶏ガラスープの素を加えて軽く混ぜる
5. 塩と黒コショウで味を調えたら、出来上がり

### 材料

- ●豚肉 … 200g
- ●ピーマン … 2個
- ●赤パプリカ … 1/2個
- ●黄パプリカ … 1/2個
- ●玉ねぎ … 1/2個
- ●ピーナッツオイル … 大さじ1
- ●オイスターソース … 小さじ1
- ●鶏ガラスープの素 … 小さじ1と1/2
- ●塩 … 少々
- ●黒コショウ … 少々

#### NOTE
豚肉に片栗粉をまぶすことで、しっとりやわらかな豚肉になる

◀具材は家にあるものでOK。ニンジンやヤングコーン、ブロッコリーなどを入れてもおいしい。肉と野菜を分けて炒めることによって、野菜の歯ごたえが残る。

▲香ばしい香りが料理の味を引き立てるピーナッツオイル。熱に強く、酸化しにくいので炒め物や揚げ物に最適。本場の中華料理では欠かすことのできない油だ。

## ❖ アルジラ（ジャガイモのクミン炒め）【マスタードオイル】

### ◦ 作り方 ◦

1. 皮をむいたジャガイモを2cm角に切り、柔らかくなるまでゆでる
2. フライパンにマスタードオイルとクミンシードを入れて火にかける。クミンシードが茶色くなったら、みじん切りにしたショウガと青唐辛子を加え、軽く炒める
3. 火を弱め、ウコン、チリパウダー、クミンパウダー、コリアンダーパウダー、塩、水を加える
4. 1を加えて軽く混ぜ、ふたをして弱火で2分ほど蒸す
5. レモン汁をかけ、パクチーの葉を散らしたら、器に盛り付けて出来上がり

**材料**

- ●ジャガイモ … 400g
- ●マスタードオイル … 大さじ2
- ●ショウガ …1かけ
- ●青唐辛子 …1本
- ●レモン汁 … 小さじ1/4
- ●塩 … 小さじ1/4
- ●パクチー … 適量
- ●水 … 大さじ3
- ●クミンシード … 小さじ1と1/2
- ●ウコン … 小さじ1/4
- ●チリパウダー … 小さじ1
- ●クミンパウダー … 小さじ3/4
- ●コリアンダーパウダー … 小さじ1と1/4

◀アルジラをチャパティに巻き、ラップサンドのようにして食べるのが本場インドの食べ方。インドでは、ナンよりチャパティのほうがポピュラーだ。

▲ヒンディー語で、「アル」はジャガイモ、「ジラ」はクミンを意味する。比較的簡単で時間もかからないのでインドでは定番のおかずで、家庭によってレシピや味が異なる。

# ✧ トムカーガイ（ココナッツミルクスープ）【ココナッツオイル】

▲ココナッツミルクのまろやかさと酸味がクセになる。「トム」は煮る、「カー」はタイのショウガ、「ガイ」は鶏肉を意味する。赤パプリカやトマトを加えてもおいしい。

## ○ 作り方 ○

1. 鶏モモ肉を一口大に切り、塩コショウをふっておく。ホワイトマッシュルームは半分に、玉ねぎは薄切りにしておく。赤唐辛子とパクチーは細かく切る

2. 鍋にココナッツオイルを入れて熱し、1の鶏モモ肉と玉ねぎを入れ軽く炒める。全体に油が回ったら、水を入れ5分ほど煮込む

3. 鶏モモ肉に火が通ったら、1のホワイトマッシュルーム、ココナッツミルク、材料Aを加え、さらに5分ほど煮込む

4. 3を器に盛り付け、1のパクチーと赤唐辛子、ライムを添えて出来上がり

### 材料

- ●鶏モモ肉 … 150g
- ●ホワイトマッシュルーム …6個
- ●玉ねぎ … 1/2個
- ●ココナッツミルク … 250ml
- ●ココナッツオイル … 小さじ1〜2
- ●水 … 200ml
- ●赤唐辛子 … 1〜2本
- ●パクチー … 30g
- ●ライム … 適量
- ●塩コショウ … 適量

A
- ●ナンプラー … 大さじ1.5
- ●レモン汁またはライム汁 … 大さじ1
- ●砂糖 … 小さじ2
- ●ショウガ…1かけ

◀トムヤムクンは、トムカーガイと並んでタイの2大スープと呼ばれている。材料を炒めるときはココナッツオイルを使用することで風味が増す。

# ❖ エゴマ油そば 【エゴマ油（ペリーラオイル）】

▲韓国では夏の定番料理。韓国語で「トゥルギルム・マッククス」と言い、「マッククス」とはそば粉で作った冷麺のこと。オイリーだがくどくなく、独特の風味が食欲をそそる。簡単かつ短時間で作れるのもうれしい。

## ∘ 作り方 ∘

1. 材料Aを混ぜ合わせる
2. 鍋にたっぷりのお湯を沸かし、そばを柔らかめにゆでる
3. ゆで上がったそばを流水にさらし、水気をよく切る
4. 3のそばを器に盛り付け、細かくちぎった韓国味付けのりと小ロネギをのせ、上から1をかけて出来上がり。お好みで、すりごまや千切りにしたキュウリ、トマトなどをトッピングしてもOK。食べるときはよく混ぜ合わせて

### 材料（1人前）

- ●そば … 1束
- ●小ロネギ … 適量
- ●韓国味付けのり … 適量

A
- ●エゴマ油 … 大さじ2
- ●めんつゆ（3倍濃縮）… 大さじ2
- ●砂糖 … 小さじ1

◀スユクとエゴマ油そば。スユクは韓国の伝統的な料理で、豚肉をゆでて薄切りにしたもの。冷麺のトッピングとしてのせることもある。

> ### NOTE
> そばは細めのそばを選んで。韓国式そばの「モミル」を使うとより本格的な味に。

# ◇ 米粉マフィン【グレープシードオイル】

## ∘ 作り方 ∘

1. 型にグラシン紙のマフィン用カップを敷く。オーブンを180℃に予熱しておく
2. ボウルに卵、砂糖、グレープシードオイルを入れ、混ぜ合わせる。牛乳とヨーグルトを加える
3. 米粉、薄力粉、ベーキングパウダーを合わせてふるい、2に加えてよく混ぜる
4. マフィン型に生地を入れ、180℃に熱したオーブンで20～25分焼く
5. 焼き上がったら粗熱を取って出来上がり。冷めたら、乾燥しないようにラップで包むこと

### 材料

- ●米粉 … 70g
- ●薄力粉 … 40g
- ●ベーキングパウダー … 小さじ1
- ●卵 … 1個
- ●グレープシードオイル … 50ml
- ●砂糖 … 40g
- ●牛乳 … 25ml
- ●ヨーグルト … 25g

◀ チョコチップマフィンにする場合は、30～50gを目安に3の工程の後に加え、さっくり混ぜる。砂糖の量を調節するとよい。

### NOTE

生地を混ぜるときに混ぜすぎると粘り気が出てしまうので、要注意。

▲米粉とグレープシードオイルを使ったマフィン。米粉自体に甘みがあるので、砂糖は控えめでOK。焼き上がりはさっくり、冷めてもしっとりおいしい。

# チョコレートバー【カカオバター】

▲見た目ににもおいしいチョコレートバーはギフトに最適。ナッツやドライフルーツの他に、クッキーやビスケット、オートミールなどもおすすめ。

## 。作り方。

1. カカオバターをボウルに入れ、約50〜55℃のお湯を入れたボウルで湯せんする
2. カカオバターが溶けたら、カカオパウダー、ミルクパウダー、砂糖を加え、全体が溶けるまでよく混ぜる
3. チョコレート型に2を流し込み、好みのドライフルーツやナッツなどを入れてしばらく置いておく
4. 少し固まってきたら、ラップをかけて冷蔵庫に移す
5. 1時間ほどで固まるので、固まったら型から外して出来上がり

### 材料

- ●カカオバター … 100g
- ●カカオパウダー … 50g
- ●ミルクパウダー … 大さじ2
- ●砂糖 … 大さじ2
- ●ドライフルーツ … 適量
- ●ナッツ類 … 適量

◀湯せんする際は、お湯がボウルの中に入らないように気を付ける。また、沸騰したお湯を使うと風味が飛んでしまうので、必ず50〜55℃のお湯を使うこと。

### NOTE

ドライフルーツとナッツは好みのものを。オレンジピール、フリーズドライストロベリー、マカデミアナッツ、アーモンド、ヘーゼルナッツなどがおすすめ。

# 食用加工油脂
## Edible Fat and Oil Processing

## マーガリン

▲ソフトタイプのマーガリンはトーストに塗りやすい。

バターによく似たマーガリンは、乳脂肪が原料のバターに対し、コーン油や大豆油など植物油を原料に作られており、使用する植物油によって風味や成分が異なる。1869年にフランスで誕生したマーガリンは、開発当初は牛脂を用いた動物性のものだったが、その後マーガリンは世界各地に広まり、1901年に完全植物性のマーガリンが誕生、1940年代に急速に普及した。マーガリンはバターの代用品として広く親しまれているが、トランス脂肪酸（P.10参照）が含まれていることから規制を行っている国もある。しかし、近年は加工技術が改良されたことでトランス脂肪酸の含有量が減っており、過度に摂取しなければ問題はないとされる。

## ショートニング

ショートニングとは、マーガリンから水分と添加物を除いて純度の高い油脂にした食用油脂のことで、もともとはラードの代用品として開発された。ラードは古くから製菓に使用されてきたが、品質が安定せず結晶化しやすいという欠点があり、その欠点を補い誕生したのがショートニングだ。無味無臭なので素材の風味

▲安価であることから多くの加工食品に利用される。

を生かすことができ、パンに使うとふんわり、クッキーなどの焼き菓子に使うとさっくりとした食感に仕上がる。また、揚げ物に使用するとカラッと揚がり、冷めてもサクサクとした食感を保つことができる。ショートニングもマーガリンと同様トランス脂肪酸が含まれているが、こちらも年々トランス脂肪酸の含有量が減ってきている。また、トランス脂肪酸を含まないショートニングも販売されている。

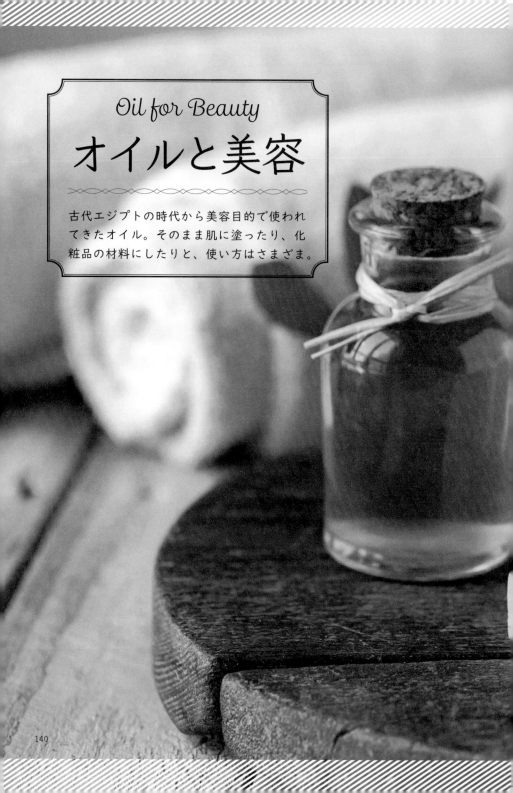

## Oil for Beauty
# オイルと美容

古代エジプトの時代から美容目的で使われ
てきたオイル。そのまま肌に塗ったり、化
粧品の材料にしたりと、使い方はさまざま。

# ✦ 美容オイル

肌を柔らかくし、潤いを与える美容オイル。効果的な使い方や注意点を押さえ、普段のスキンケアに取り入れてみよう。

【左】まずは少量サイズのボトルから試してみよう。【右】手のひらでオイルを軽く温めると肌に浸透しやすくなる。

## 美容オイルの使い方と順番

美容オイルの使い方や順番に悩んだことはないだろうか。美容オイルの使い方は大きく分けて4つあるので、目的に合わせた使い方をしよう。

### 1. ブースターとして

ブースターとして使用することで、次に使う化粧水の浸透を高める効果があるとされる。使い方は、洗顔後、まだ水分が少し肌に残っている状態で1〜2滴のオイルを手のひらにのばし、ハンドプレスしながら顔全体になじませる。軽めのテクスチャーのオイルがおすすめ。

### 2. 化粧水の後に

乳液やクリームの代わりとして、化粧水の後に使用するのもおすすめ。化粧水を塗っただけでは油分のバランスが取れずに肌が乾燥しやすくなるため、2〜3滴のオイルを手に取りやさしく肌になじませることで乾燥知らずのバランスの良い肌に。

### 3. スキンケアの最後に

スキンケアの最後に使うことで、肌の表面にオイルの薄い膜を作り、肌の奥にしみこませた化粧水や乳液の蒸発を防ぐ効果があるとされる。

### 4. 化粧水やクリームに混ぜる

オイル単体だとベタつきが気になるという方におすすめ。化粧水や保湿クリームなどにオイルを1〜2滴ほど加え、手のひらでよく混ぜてから肌になじませる。

## 肌の悩み別 おすすめオイル

保湿力の高いものや低刺激のもの、エイジングケアに効果的なものなど、オイルの種類によって効果や性質はさまざま。自分の肌に合ったものを選び、使ってみよう。

### 乾燥肌

保湿力が高く、重めのテクスチャーのものを選ぼう。特にナッツ由来のものがおすすめ。

- アーモンドオイル
- シアバター
- カシューオイル
- 椿油
- グレープシードオイル
- マカダミアナッツオイル
- ココアバター
- ココナッツオイル

### ニキビ

オレイン酸の含有量が少なく、抗炎症作用や抗菌作用に優れたものを選ぶとよい。

- アロエベラオイル
- ホホバオイル
- カシューオイル
- ボリジオイル
- ココナッツオイル
- モリンガオイル
- ニームオイル
- パパイアシードオイル

### 美肌

ビタミンCが多く含まれたものでシミ・くすみをケアしよう。

- アムラオイル
- ポメグラネイトシードオイル
- アロエベラオイル
- オリーブオイル
- ミルクシスオイル
- マンゴーバター
- ロースヒップオイル
- プルーンシードオイル

### シワ・たるみ

抗酸化作用のあるビタミンEやシミ・シワ改善効果があるとされるビタミンAを多く含む。

- アプリコットカーネルオイル
- マンゴーバター
- アボカドオイル
- ピスタチオオイル
- ウィートジャームオイル
- プルーンシードオイル
- カレンデュラオイル

---

## Point オイルが効果を発揮するための注意点

### 単体で使う場合は十分な量で

単体で使用する際にオイルの量が少ないと、塗布する摩擦で肌を傷つけたり、保湿が足りなかったりする恐れがある。

### 顔に水分が残っている状態で使う

オイルと水分が混ざると乳化し、肌へ浸透しやすくなる。オイルを塗布する際は決して擦らず、やさしくハンドプレスしよう。

### 自分に合ったオイルを

肌質によってオイルとの相性があるので、まずは少し試してみて、翌日の肌の状態を確認しよう。肌に異変を感じたら使用を中止すること。

### 保管場所に気を付ける

オイルの種類によっては温度が低いと固まってしまうものがある。また、浴室など高温多湿な場所に置いておくと劣化する恐れがあるので気を付けよう。

# クレンジングオイル

ダブル洗顔不要のしっとりとしたやさしい洗い上がりのクレンジングオイル。オイルと界面活性剤を混ぜるだけなので、自宅でも簡単に作れる。オイルは酸化しにくいものを選んで。

▲容器はポンプボトルがおすすめ。防腐剤は入っていないので、2週間を目安に使い切ろう。

## 作り方

1　ビーカーにオイルとポリソルベート80を入れ、よく混ぜる

2　1を容器に移して出来上がり

ポリソルベート80とは？
界面活性剤の一種で、水に溶けないオイルを乳化させることができる液体乳化剤。

## 使い方

1　乾いた手にたっぷりオイルを取る

2　乾いた顔にやさしくなじませる

3　オイルがなじんだら少量の水を手に取り、顔をやさしく撫でるようにし乳化させる

4　流し残しがないように丁寧にすすぐ

## 【材料】

キャリアオイル …… 50ml
ポリソルベート80 …… 5〜10ml

### おすすめオイル

クセがなく、肌なじみの良いものが使いやすい。オイルのブレンドや、精油を加えてもOK。

- アーモンドオイル
- オリーブオイル
- グレープシードオイル
- ココナッツオイル
- マカダミアナッツオイル
- ホホバオイル

# 乳液

乳液は、肌の表面を保護し水分の蒸発を防ぐ役割を持つ。難しそうに見えるが、シンプルな材料で簡単に作ることができる。

【材料】 キャリアオイル …… 8g（10ml）
乳化ワックス …… 2g　精製水 …… 40ml
精油 …… 2滴

## 作り方

1 ビーカーにオイルと精油、乳化ワックスを入れ、70〜80℃のお湯で湯せんする。精製水も別の容器に入れて湯せんする

2 ビーカーに精製水を入れ、とろみがつき、クリーム状になるまでよく混ぜる

\ +α /

▲人気の高いローズの精油。材料に加えることで、エレガントな乳液になる。

▲完成した乳液は冷蔵庫で保存し、2週間を目安に使い切ること。

---

# フェイスパック

オイルの保湿成分や美容成分をたっぷりとしみこませたフェイスパック。余計なものが含まれていないので、毎日のスキンケアに使える。

【材料】 キャリアオイル …… 5ml
精製水またはフローラルウォーター … 45ml
フェイスシート

## 作り方

1 精油を入れる場合は、オイルとよく混ぜる

2 1に精製水またはフローラルウォーターを入れ、さらによく混ぜる

3 2にフェイスシートをしみこませたら出来上がり

\ +α /

▲ラベンダーの精油はリラックス効果が期待できる。

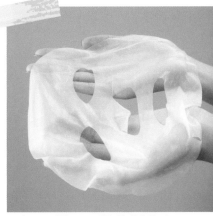

▲パックの時間は5〜10分ほど。長すぎるとインナードライを引き起こすので注意しよう。

# 万能クリーム

基本のレシピは、オイル：シアバター＝1：1。オイルを増やすと柔らかめのクリームになるので、好みのテクスチャーに合わせて調整してみよう。

【材料】 キャリアオイル …… 15g（18ml）
　　　　 シアバター …… 15g

## 作り方

1 70～80℃のお湯でシアバターを湯せんする

2 シアバターが溶けたら好みのオイルを加え、よく混ぜる

3 2を容器に移し、冷蔵庫で冷やして固まったら出来上がり

\ +α /

▲ミツバチの巣から得られるミツロウ。2g加えると保湿力がアップする。

▲ボディやハンドクリーム、リップケアにも使える。

---

# ヘアミスト

髪に潤いを与え、くし通りをよくするヘアミスト。スタイリングのほか、ドライヤーの前に使えば、熱から髪を守る効果も期待できる。

【材料】 キャリアオイル …… 5ml
　　　　 精製水 …… 50ml
　　　　 精油 …… 2～4滴

## 作り方

1 ビーカーにオイルと精油を入れ、よく混ぜる

2 1に精製水を加え、さらによく混ぜる

3 2をスプレーボトルに移したら出来上がり

\ +α /

▲小さじ1/2のクエン酸を加えることで、髪のゴワつきやきしみの防止に。

▲毎回使用前に、ボトルをよく振ってから使うこと。

# ボディスクラブ

古くなった角質を除去し、肌のゴワゴワ感やザラつきの原因を取り除くスクラブ。週に1〜2回、定期的に使用し、つるつるの肌を目指そう。

▲ココナッツオイル、砂糖、レモンの皮を混ぜて作ったボディスクラブ。

## 作り方

1　ボウルにオイルと砂糖もしくは塩を入れ、よく混ぜる

2　1を容器に移して出来上がり

## 使い方

1　身体を洗った後、少量のスクラブを手に取り、濡れた状態の肌にのせる

2　円を描くようにくるくると優しくマッサージしながらスクラブを伸ばしていく

3　シャワーで洗い流し、ボディローションやボディクリームなどで保湿する

▶ひじやひざ、かかとなどザラつきや角質が気になる部分は入念にスクラブしよう。

【材料】

キャリアオイル …… 1/2カップ
砂糖または塩 ……1カップ

おすすめの組み合わせ

砂糖を使ったシュガースクラブは保湿作用があり低刺激。一方、ソルトスクラブは引き締め効果が高いとされる。

●保湿
ココナッツオイル ＋ 砂糖 ＋ レモンの皮
アボカドオイル ＋ 砂糖 ＋ 精油(カモミール)
●引き締め
オリーブオイル ＋ 塩
カレンデュラオイル ＋ 塩

# 基本の石けん

フランス生まれのマルセイユ石けんと同じ配合で作る、オリーブオイルたっぷりの基本の石けん。肌に優しく、洗浄力抜群の石けんだ。

▲ギフトにもおすすめの手作り石けん。一度に約8個作ることができる。

## 作り方

1 すべてのオイルをボウルに入れ、湯せんして温める

2 部屋を換気し、ゴム手袋、保護メガネ、マスクを装着した状態で、苛性ソーダをビーカーに入れる。ゆっくりと精製水を注いだら、苛性ソーダがすべて溶けるまでかき混ぜる

3 1のオイルと2の苛性ソーダ溶液をそれぞれ38〜40℃の温度に調整する。同じ温度になったら、オイルが入ったボウルに苛性ソーダ溶液を少しずつ加える

4 泡立て器を使い、最初の20分は休まずに混ぜる。もったりとクリーム状になったら、牛乳パックの型にゴムベラを使って流し込む

5 保温できる場所に1日以上置き、石けんが固まっていたら型から取り出し、好きな大きさにカットする

6 日の当たらない風通しのよい場所で1カ月乾燥させたら出来上がり

### 【必要な道具】

・キッチンスケール ・泡立て器
・ゴムベラ ・牛乳パック型
・ビーカー ・ゴム手袋
・ボウル ・保護メガネ
・温度計2本 ・マスク

### 【材料】

オリーブオイル …… 440g
ココナッツオイル …… 110g
パームオイル …… 60g
精製水 …… 220g
苛性ソーダ … 78g

### 【注意】

苛性ソーダは薬局にて購入可能だが、購入時には印鑑が必要。劇物のため、取扱いには十分注意すること。

# アーモンド石けん

クリーミーな泡立ちがうれしい、保湿力に優れたしっとり石けん。ボディはもちろん、洗顔にもおすすめ。

**【材料】** アーモンドオイル …… 480g
ココナッツオイル …… 65g
シアバター …… 65g　　精製水 …… 220g
苛性ソーダ …… 78g　　（精油 …… 122滴）

▲アーモンドオイルを78％と贅沢に配合。柔らかく溶けやすいので保管場所には注意。

## 作り方

\ +α /

▲オレンジなどの精油を追加してもよい。

1. シアバターをボウルに入れて湯せんし、溶けてから残りのオイルを加える
2. 以降は基本の石けん（左ページ）の作り方を参照。精油を加える場合は、型に入れる前に入れる

---

# アボカド石けん

ビタミンとミネラルが豊富なアボカドオイルの石けん。ストレスが原因の肌荒れやゆらぎ肌を落ち着かせ、肌の状態を整える効果も期待できる。

**【材料】** アボカドオイル …… 175g
オリーブオイル …… 210g
ココナッツオイル …… 125g
パームオイル …… 100g
精製水 …… 220g　　苛性ソーダ …… 80g
（精油 …… 122滴）

▲未精製のアボカドオイルを使うことで、緑色の石けんに仕上がる。

## 作り方

\ +α /

▶ユーカリの精油を加えることで、森のような爽やかな香りの石けんに。

1. 基本の石けん（左ページ）の作り方を参照。精油を加える場合は、型に入れる前に入れる

# インフューズドオイル
## *Infused Oil*

## インフューズドオイルとは

▲オイルに漬けることで、油溶性の成分が浸出する。

乾燥させたハーブをキャリアオイルに漬け、ハーブの成分を抽出したもので、抽出油や浸出油とも呼ばれる。濃縮された精油とは異なり、直接肌に塗ることができ、ベースとなるキャリアオイルと、オイルに浸したハーブの両方の効能が含まれることが特徴だ。本書では、アロエベラオイル（P.28）やカレンデュラオイル（P.42）、キャロットオイル（P.46）、セントジョーンズワートオイル（P.66）がインフューズドオイルに分類される。

## インフューズドオイルの作り方

キャリアオイルを自宅で作るのは難しいが、インフューズドオイルなら簡単に作ることができる。作り方は常温で時間をかけて浸出する冷浸法と、熱を加えて短時間で浸出する温浸法があるが、花びらや葉を浸出する場合や熱に弱いオイルを用いる場合は冷浸法が向いている。キャリアオイルはホホバオイルなど酸化しにくいものを選ぼう。

### 冷浸法

【材料】　キャリアオイル …… 100ml
　　　　ドライハーブ …… 10〜15g

1　密閉容器にキャリアオイルとハーブを入れる

2　日当たりのよい場所に置き、2〜3週間漬ける。一日一回容器を振る

3　ハーブを取り除いて保存用の容器に移す

### 温浸法

【材料】　キャリアオイル …… 100ml
　　　　ドライハーブ …… 10〜15g

1　耐熱ボウルにキャリアオイルとハーブを入れ、弱火で湯せんする

2　30分以上かき混ぜる

3　ハーブを取り除いて保存用の容器に移す

# インフューズドオイルにおすすめのハーブ

## ラベンダー

ヨーロッパでは古くからポピュラーな薬草として親しまれてきたラベンダー。100種を超える品種があるが、おすすめは香り高いイングリッシュ・ラベンダー。スキンケアやボディケアにはもちろん、食用のキャリアオイルに浸出させたものは、マリネや焼き菓子など料理にも使える。

■効能　鎮静、安眠、防虫、抗炎症、抗菌、抗真菌、抗酸化

▲開花の早い時期に収穫された花を使うと、より香りが豊か。

## ジャーマン・カモミール

風邪や下痢止め、胃腸炎などの民間薬としても知られているジャーマン・カモミールは、白く可憐な花に強い芳香を持つ。抗炎症作用に優れ、保湿効果も高いとされることから、入浴剤やスキンケアに最適。抗酸化、抗糖化作用のある成分も含まれており、エイジングケアにも役立つ。

■効能　鎮静、鎮痛、健胃、保湿、抗炎症、抗菌、抗酸化

▲キク科アレルギーがある場合は、使用を控えること。

## ペパーミント

清涼感のある香りが人気のペパーミントは、シソ科ハッカ属の植物で、古代ギリシャの時代から料理や薬用に用いられてきた。主成分は鎮痛効果と冷却効果があるとされるメントールで、マッサージオイルとして使用することで筋肉痛の緩和に役立つ。リップクリームやルームスプレーにもよい。

■効能　鎮静、鎮痛、健胃、抗炎症、抗菌、抗アレルギー、冷却

▲清涼感のある石けんを作りたいときにおすすめのペパーミントオイル。

## ヘリクリサム

不滅を意味する「イモータル」の名で知られるヘリクリサムは、コルシカ島に多く自生するキク科の植物。甘くスパイシーな香りが特徴で、香水や化粧品などの香料に使用される。抗炎症作用と皮膚再生作用に優れ、乾癬（かんせん）や湿疹、皮膚炎などさまざまな皮膚トラブルに効果的とされる。

■効能　鎮静、鎮痛、抗炎症、抗菌、抗ウイルス、抗アレルギー、抗酸化

▲ドライフラワーにしても鮮やかな黄色を保つ。

監修　小林弘幸（こばやし・ひろゆき）

1960年生まれ。順天堂大学大学院医学研究科（小児外科）博士課程を修了。ロンドン大学付属英国王立小児病院外科、トリニティ大学付属医学研究センター、アイルランド国立病院外科勤務を経て順天堂大学医学部小児外科講師・准教授を歴任。現在、順天堂大学医学部および大学院医学研究科教授。
専門は、小児外科学、肝胆道疾患、便秘、Hirschsprung's病、泌尿生殖器疾患、外科免疫学。『結局、自律神経がすべて解決してくれる』（アスコム）、『眠れなくなるほど面白い 図解 自律神経の話: 自律神経のギモンを専門医がすべて解説！』（日本文芸社）、『リセットの習慣』（日経BP 日本経済新聞出版）など、著書多数。

# 知っておいしい オイル事典

2023年9月29日　初版第1刷発行

| | |
|---|---|
| 監修 | 小林弘幸 |
| 発行者 | 岩野裕一 |
| 発行所 | 株式会社実業之日本社 |
| | 〒107-0062　東京都港区南青山6-6-22 emergence 2 |
| | 電話（編集）03-6809-0473　（販売）03-6809-0495 |
| | https://www.j-n.co.jp/ |
| 印刷・製本 | 大日本印刷株式会社 |
| | |
| デザイン | 小島優貴・梶間伴果 |
| 編集・制作 | 株式会社エディング |